일러두기

1. 이 책은 2017년부터 2024년까지 '한국전래음식연구회'에서 이말순 선생님께 배운 음식 중 131가지를
   선정해 조리법을 실었습니다.

2. 이 책은 크게 서문과 본문, 두 부분으로 나눠 서문은 반가 음식의 역사, 본문은 우리 전래 음식의 조리법을
   기술했습니다. 본문은 다시 주식과 부식, 병과, 세 부분으로 구성했는데, 1장 주식은 식사가 될 수 있는
   밥과 죽, 면, 만두의 조리법을 실었습니다. 2장 부식은 국, 찌개와 전골, 찜과 선, 조림과 초, 저냐와 적, 구이,
   나물, 자반과 장아찌, 김치류 등을 다루었습니다. 3장 병과는 떡과 한과, 마른안주와 포를 소개했습니다.
   음식과 조리법은 가능한 한 전통적인 모습과 방법으로 재현하고, 재료 손질하는 법은 최근의 식재료 변화를
   감안했습니다.

3. 이 책에 게재된 음식은 옛 문헌과 현대 연구 자료를 바탕으로 그 기원을 기술했으며, 조리법은 최대한 자세히
   기록했습니다. 도움말에는 수업 시간에 이말순 선생님께서 해주신 추가 설명을 정리했습니다.

4. 각 재료의 양은 육류와 채소는 무게(g, kg)로, 곡물과 양념은 분량(작은술, 큰술, 컵)으로, 세는 것이
   편한 재료는 수량(개, 대, 마리)으로 표기했습니다. 컵은 200cc(ml), 큰술은 15cc(ml), 작은술은 5cc(ml)가
   기준입니다.

5. 이 책에 게재된 음식 대부분은 양념장을 먼저 만들어 단계별로 필요할 때마다 조금씩 덜어 씁니다.
   국물은 간장을 먼저 넣어 간을 맞춥니다. 다만 이때 너무 진하지 않을 정도로 색을 내고 마무리 간은
   소금으로 했습니다. 소금 양은 국물의 양이나 그릇의 크기에 따라 달라지므로 별도로 표기하지 않았습니다.
   개인의 기호에 따라 직접 맛을 보며 간을 맞추기 바랍니다. 이 책에 나오는 모든 음식에 사용하는 간장은
   집에서 담근 간장을 기준으로 했으므로 시판 간장을 사용하는 경우에는 집간장과 염도가 다르니
   염도에 따라 양을 조절하기 바랍니다.

6. 이 책의 재료 중 기타로 분류한 재료의 분량은 특별한 경우가 아니면 별도로 기재하지 않았습니다.
   손질용 재료는 필요한 만큼 쓰면 됩니다. 그 외에는 한 꼬집 정도로 생각하면 됩니다.

한국전래음식

"이말순 선생님의 가르침에 감사드립니다.
늘 건강하셔서 저희에게 빛이 되어주세요."

한국전래음식연구회 회원 일동

강신혜, 강진주, 고은숙, 권영미, 김낙영, 김수경, 김영경, 김은희, 김진영, 김창기, 김현숙, 나근영, 노승혁, 민경애, 박서란,
박은경, 박효진, 백광미, 서명환, 서지선, 신일현, 안해단, 양연주, 우은열, 이경현, 이금주, 이문숙, 이선경, 이세미, 이숙희,
이승은, 이연성, 이유진, 이인옥, 이혜숙, 이호영, 이희란, 장영주, 전지호, 정소연, 정은아, 정재훈, 조성주, 조희숙, 채혜정,
천승명, 최은미, 최정윤, 최현진, 홍윤정, 황재만

한국전래음식

미래에
꼭 전하고 싶은
우리 음식
131가지

저자 한국전래음식연구회

1996년 겨울 눈발이 날리던 어느 날, 한 통의 전화를 받았습니다. 수화기 너머 낭랑한 목소리는 고 강인희 교수님이 강의하시던 '한국의 맛 연구회' 수업에 드디어 빈자리가 났으니 수강하러 나오라는 반가운 소식을 전해주었습니다. 대기 명단에 이름을 올리고 오랫동안 기다린 터라 더없이 반가운 전화였습니다. 나중에 수업에 참여하고 나서 그 낭랑한 목소리의 주인공이 이말순 선생님이라는 사실을 알게 되었습니다. 그 이듬해부터 격주에 한 번씩 금요일마다 경기도 이천까지 달려가 강의를 들었는데, 그곳에서 만난 한식은 그야말로 충격이었고 미숙한 제 눈에도 너무나도 소중한 문화유산이라는 것을 알 수 있었습니다. 당시 수업은 엄격하게 도제 방식으로 진행되던 터라, 신참인 제 역할은 밑 준비와 설거지가 대부분이었고, 그 일을 하느라 강의 내용을 잘 따라가지 못할 때가 많았습니다. 그때마다 이말순 선생님이 넌지시 알려주셨습니다. 강인희 교수님이 작고하신 뒤 이말순 선생님이 '한국전래음식연구회'를 이끄시게 되었고, 저는 또다시 선생님의 제자가 되었습니다. 생각해 보니 선생님과 저의 스승과 제자라는 소중한 인연은 지금까지 30년 가까이 이어졌습니다. 돌아보면 선생님이 계시지 않았다면 제 인생 또한 한식과 함께 여기까지 올 수 없었을지도 모르겠습니다. 흔들리고 타협하고 싶던 순간마다 늘 선생님을 떠올리며 저의 마음과 태도를 다시 부여잡곤 했으니까요. 이제 선생님은 한식의 스승을 너머 제 인생의 이정표와 등대가 되었습니다.

음식은 지역 문화유산의 필수적인 부분으로, 다양한 지역 음식은 그 지역의 생활양식과 역사를 반영합니다. 한 민족의 전통적인 식생활은 자연환경과 사회 환경의 영향을 받아 형성되고 발전합니다. 우리 민족의 음식인 한식은 세계적으로 과학적이고 균형 잡힌 건강식으로 인정하고 있습니다. 건강식에 관심이 많은 현대인의 욕구를 충족할 뿐만 아니라 세계화 가능성이 높고, 관광과 문화 상품으로 국제적 경쟁력을 가진 부가가치가 높은 상품으로 평가받고 있습니다. 다만 이를 위해서는 현재뿐 아니라 미래 세대까지 계승될 수 있는 한식의 발전과 상품 개발이 필수적입니다. 생각하면 생각할수록 한식은 감성적이면서도 파급효과가 대단히 큰, 대표적인 민간외교 아이템입니다.

이 책 〈한국전래음식〉은 한식의 정신적 근간과 정체성이 잘 드러나도록 전래 음식 고유의 식재료와 조리법, 양념을 고집스럽게 지켜 기록했습니다. 고 강인희 교수님께서 전 생애에 걸쳐 집대성한 전통 반가 음식들이, 다시 이말순 선생님을 통해 지금의 시대정신과 현실적 여건을 반영해 발전했습니다. 부디 이 책의 내용이 우리 민족과 이 땅의 전통적이며 고유한 기층문화와 한식의 근본으로 자리 잡아 후대로 전래되고 활용되어 한식 문화의 꽃으로 활짝 피어나길 소망합니다.

김영경
한국전래음식연구회 1기 회장, (주)맘에이치엠알 대표

'한국전래음식연구회'의 〈한국전래음식〉 발간을 진심으로
축하합니다.
많은 요리책이 끊임없이 출간되지만, 이 책처럼 여러 회원들이
자원 봉사로 참여해 각자의 재능과 시간, 공간까지 아낌없이
쏟아부은 결정체는 없을 것입니다. 다시 한번 요리와 원고 집필,
스타일링, 사진 등 각각의 분야에서 수고하신 회원들의 노고에
찬사를 보냅니다. 직접 참여하지 못한 회원들도 마음을
모아주셨습니다.
생각해 보면 모든 회원이 자신의 이해타산을 따지지 않고
참여할 수 있는 이유는 물심양면으로 밀어주시고 응원해 주시는
이말순 선생님이 계시기 때문입니다. 이 선생님은 고 강인희
교수님께서 집대성한 반가 음식의 원형을 오랜 세월 동안 힘껏
이어받아 지키고 있을 뿐만 아니라, 사력을 다해 후진들에게
전수하고 계십니다. 우리 음식의 원형이 흔들리고 고유한 한식이
사라지고 있는 지금, 흔들림 없이 우리의 전래 음식을 지켜오고
가르쳐주시는 선생님의 존재가 미래 세대에 전승되어야 할
표본임을 절감합니다.
이 책에 실린 음식 하나하나에는 우리 전래 음식의 순수한
맛뿐만 아니라 요리하는 사람의 올곧은 몸과 마음의 자세가 배어
있습니다. 이말순 선생님께서 오랜 세월 동안 지켜온, 변형되거나
변질되지 않은 우리 음식의 모습 그대로입니다. 세상의 모든 것이
시대의 변화에 따라 달라져야 하는 것은 아닙니다. 표본처럼
지켜야 하는 줄기와 뿌리는 반드시 필요합니다. 그것을 바탕으로
다양한 음식으로 변주할 요리인들은 차고 넘치기 때문입니다.
최고의 재료 선정, 한 치도 낭비 없는 재료 사용, 편법 없는 정직한
맛 내기. 이것이 이 책에 실린 음식의 특징이며, 제가 이말순
선생님께 배운 음식의 특징이기도 합니다.

오늘날 다른 분야와 마찬가지로 먹거리도 과잉 소비로
지구 환경을 망가뜨리는 데 일조하고 있습니다. 지구 환경이
절체절명의 위기에 처한 지금, 흘린 쌀 한 톨도 다시 주워 담으며
하늘이 주신 먹거리 인연을 소홀히 하지 않았던 옛 어른들의
가르침과 삶을 반추할 필요가 있다고 생각합니다. 요리하거나
음식을 먹을 때마다 그 가르침을 되새겨야 할 것입니다.
우리 주변만 돌아봐도 멋지고 맛있는 글로벌 요리와 요리
사진들이 넘쳐나며 점점 더 새로운 것을 요구하는 흐름을
좇아가기 버거울 정도입니다. 그러나 한 나라의 음식은 단순한
먹거리 이상으로, 오랜 세월 동안 역사와 문화가 켜켜이 축적된
결과라는 점을 생각하면 우리 식문화의 고유성을 지켜가는
것이야말로 가장 시장성 있는 동시에 신토불이하여 우리의
건강을 지키는 길이라 믿습니다.
거듭 말씀드리건대 이 책에는 우리 전래 음식의 원형이 오롯이
담겨 있습니다. 한식에 애정과 관심이 있는 분들과 한식 전공자뿐
아니라 음식 관련 업종에 종사하는 분이라면 꼭 소장하기를
권합니다. 책이 헐도록 열심히 보고, 한국 전래 음식의 뿌리를
찾기 위해 소중히 쓰인다면 저희는 더할 나위 없이 행복할
것입니다. 이 책이 숱한 요리책 가운데 한 권에 지나지 않는
것이 아니라 우리에게 식생활과 소비생활, 삶의 속도를 가늠하며
중심을 잡아주는 든든한 향도이기를 바랍니다.

조희숙
한국전래음식연구회 2기 회장, 한식공간 대표

우리 선생님, 이말순

이말순 선생님은 1949년 경상북도 의성군 금성면에서 출생했다.
대구교육대학교와 효성여자대학교 가정학과를 졸업하고 대구효성여자중학교 가정과 교사를
역임했다. 1986년부터 반가 음식 전수 기관인 '강인희 전통음식연구소(한국의 맛 연구회 전신)'의
조교로 재임하면서 강인희 선생이 집필한 〈한국의 맛〉〈한국의 떡과 과줄〉〈한국인의 보양식〉의
연구와 교정 작업 등 제작 과정 전반에 참여했다. 2001년부터는 '한국의 맛 연구회'의 수업을 맡아
가르치면서 회원들과 함께 〈한국의 나물〉〈건강밑반찬〉〈김치 담그기 40〉〈제사와 차례〉 등의
저서를 집필하고 우리 전통 음식 전시회를 개최했다.
2015년 '한국전래음식연구회'를 설립해 후학 양성에 더욱 매진하며
우리 음식의 계승과 보급을 위해 힘쓰고 있다.

애써 물려받다

한평생 한국 요리를 했지만 이말순 선생님은 이 일을 직업으로 여긴 적이 없다.
선생님에게 요리는 인연이다. 스승 강인희 교수님과의 인연, 김정규 종부님이나
성옥염 상궁 같은 어르신과의 인연, '한국의 맛 연구회'에서 만난 회원들과의
인연, 지금 함께하고 있는 '한국전래음식연구회' 회원들과의 인연. 인연은 어떤
사물이나 다른 생명체와 맺어질 수 없으니, 결국 선생님에게 요리는 사람으로
귀결된다.
시작은 우연이었다. 대학교를 졸업 뒤 가정과 교사로 일하다가 1986년 시어머니의
소개로 '강인희 전통음식연구소'의 조교를 맡게 되었다. 당시 강인희 교수님은
동아대학교와 명지대학교 가정과 교수직을 퇴임하시고, 경기도 이천에 연구소를
세워 한국 전통 음식을 연구하고 있었다. 이미 1978년에 〈한국식생활사〉,
1984년에 〈한국식생활풍속〉을 출간했고, 1984년에는 우리 음식 발전에 기여한
공로로 국민훈장 모란장을 받았다. 이력에서 알 수 있듯이 보기 드물게 한국 전통
음식의 이론과 실기를 겸비한 최고의 전문가였다.
부임하자마자 이말순 선생님에게 강인희 교수님의 저서 〈한국의 맛〉 교정이
맡겨졌다. 그래도 가정과 선생이었는데, 하며 펼쳐본 순간 원고에는 두텁떡이니
석탄병이니 혼돈병이니 하는 온갖 생소한 음식의 이름들로 가득했다.

순간 "알아야 면장을 하지"라는 옛말이 떠올랐다. 곤혹스럽기도 하고 부끄럽기도 했다. 마치 태어나 첫 발자국을 떼는 아이처럼, 이말순 선생님은 지식을 새롭게 쌓기 시작했다.

〈한국의 맛〉에는 모두 900여 품의 전통 음식 조리법이 실렸다. 강인희 교수님이 평생을 바쳐 연구한 성과로, 고조리서에 나오는 음식의 레시피는 물론 전국의 양반가, 더 나아가 북한 지역을 포함한 전국의 향토 음식까지 아우른다. 지금이야 온갖 자료가 풍부하고 전문가도 많아 정보를 얻는 것이 어렵지 않지만, 당시 강인희 교수님은 이 책을 준비하면서 전통 음식 전문가와 명문가, 때로는 산골이나 어촌에 숨어 있는 전문가들을 하나하나 발로 뛰어서 발굴해서 조리법을 정리하고 계량화해야 했다.

"뭐 잘하시는 분이 있다는 이야기를 들으시면 방방곡곡 어디라도 찾아가서 삼고초려해 연구소로 모시고 왔어요. 그분들이 음식을 하시면 옆에서 하나하나 방법을 기록하고 재료의 양을 측정해 조리법을 정리하고, 다시 여러 차례 재연하면서 레시피를 수정해 완성했습니다. 모시고 왔을 때도 어느 하나 허투루 대하시는 법이 없어요. 최고의 대접을 하셨지요."

당신이 만든 증편이 마음에 들지 않으면 몇 번이고 전문가를 모셔와 다시 만들었고, 제주도 음식을 발굴하러 갈 때는 할머니들의 사투리를 이해하기 위해 국문과 학생을 수소문해서 데려갔다. 돌아오는 강인희 교수님 손에는 당시로서는 귀한 제주 음식 관련 기록과 자료들이 가득했다.

이렇게 하나하나 모은 자료들은 〈한국의 맛〉에 이어 1992년에는 〈한국인의 보양식〉, 1997년에는 〈한국의 떡과 과줄〉로 만들어졌다. 이 책들은 현재 모두 절판되었지만 여전히 중고서점에서 20만 원을 호가할 정도로 비싸게 팔리고 있다. 그마저도 운이 좋아야 구할 수 있다.

당시 이천의 '강인희 전통음식연구소'는 각 분야의 대가들이 모이는 사랑방이었다. 흥인군(이최응, 흥선대원군의 형)의 며느리 김정규 종부님, 성옥염 상궁님, 윤 대비 올케인 조면순 할머니, 권영대 박사님의 사모님 김세암 여사, 호원당 조자호 대표 등등 일일이 열거하기 어려울 정도다.

"이분들께 조리법뿐만 아니라 음식을 대하는 태도도 배웠지요. 연구회에 행사가 있으면 김정규 종부님하고 성옥염 상궁님 두 분이 같이 내려오셨습니다. 이른 아침부터 옷을 단정하게 차려 입으시고 오셔서 음식을 시작하세요. 그 정성은 아무도 못

따라갑니다. 음식을 대하는 태도부터가 달라요."

조자호 선생님은 1939년에 우리나라 서울 양반가의 음식을 기록한 〈조선 요리법〉을 발간하고, 1953년에는 우리나라 최초의 다과 전문점 '호원당'을 열었다. 조선 말기 영의정 조두순의 증손녀로, 우리나라 마지막 황제의 비 순정효왕후가 이종사촌이다. 당시 조 대감 댁 음식은 궁가와 견줄 만하다고 칭송이 자자할 정도였으니 조자호 선생님은 우리나라 궁가와 반가의 음식 두 가지에 모두 정통했다. 김정규 종부님은 궁가의 음식을 잘 알아 〈한국의 맛〉에 실린 임금님 수라상을 준비할 때 많은 도움을 받았다. 성옥염 상궁님은 마지막으로 남은 우리나라 궁녀 3인 중 한 분으로, 우리나라 6·25전쟁 때 조선의 마지막 황후인 순정효황후 윤씨를 마지막까지 낙선재에서 모셨는데, 손 끝이 야무진 것으로 유명했다.

서울대학교 문리대학 학장이셨던 권영대 박사님의 사모님 김세암 여사님께 배운 개성 음식도 잊을 수 없다. 권영대 박사님은 우리나라 물리학의 기초를 닦은 분으로, 부부 두 분 모두 개성 출신이다.

"동글동글해서 조랭이떡국이 아니라 이북 개성에서 이성계 목 자르기 떡국으로 불리다가 나중에는 일본 놈 목 자르기 떡국이 됐다는 이야기도 들려주셨습니다. 개성약과와 우메기 조리법을 김 여사님에게 배웠지요."

이렇다 보니 이천의 연구소는 당시 한국 음식을 업으로 삼고자 하는 사람이라면 반드시 거쳐야 하는 필수 코스가 되었고, 어디에서도 쉽게 경험할 수 없는 우리 전통 음식 수업이 이루어졌다. 두 팀이 각각 한 달에 두 번씩 수업을 받았으니, 매월 네 번의 수업을 진행했다. 수업을 이끄는 분은 강인희 교수님이지만, 수업 진행에 필요한 재료와 레시피 등 제반 준비는 이말순 선생님이 맡으셨다.

"제가 수업에 참여할 때만 해도 강인희 교수님은 연로하셔서 주로 설명을 하시고 조리법을 가르치고 실연하시는 분은 이말순 선생님이셨어요. 당시 저는 막내 그룹에 속했기 때문에 설거지와 정리를 도맡아 하느라 설명을 듣지 못할 때가 많았는데, 이말순 선생님이 옆에서 넌지시 알려주셨고요"라고 말하며 김영경(한국전래음식연구회 1기 회장, ㈜맘에이치엠알 대표) 회원은 이천 연구소의 수업 사진을 꺼냈다. 사진에는 어른이 들어갈

정도로 아주 큰 가마솥이 두 개 보인다. 이 가마솥은 메주나 조청, 설렁탕이나 곰탕같이 오래 고아야 하는 탕 같은 것을 만들 때 썼다. 김영경 회원은 당시를 회상하며 이야기를 이었다. "메주를 쒔다 하면 콩 한 가마니, 약식을 했다 하면 찹쌀 8kg이 기본이었습니다. 두부를 해도, 팥고물을 해도 이 커다란 가마솥에 가득이었지요. 볶은팥고물을 만들 때는 어찌나 양이 많은지 힘에 부쳐 아예 부뚜막에 올라가서 볶을 정도였어요."

당시 이말순 선생님에게 쉬운 게 없었다. 강인희 교수님은 한국 음식에 관한 한 어떤 순간에도 재료나 조리법에 타협이 없는 데다가 손도 크셨기 때문이다.
"한 번은 연근 전분을 만든다며 연근을 몇 포대 가져오셨습니다. 한 개 한 개 씻어 껍질을 벗기고 절구에 일일이 곱게 찧어서 물을 갈아가며 고운 베주머니에 넣어 손으로 주물러 전분을 빼고 다시 가라앉히는 일을 반복했지요. 일 돕는 아주머니와 둘이서 하루 종일 쉬지 않고 일해 겨우 끝냈더니 다음 날 또 연근 한 포대를 사 오셨습니다. 아주머니가 아주 기함을 하셨지요. 매일 늦은 시간까지 아주머니와 함께 준비했습니다. 힘들었지만 새로운 것을 배운다는 기쁨이 컸습니다. 아주머니께도 많이 배웠지요."
조리법에도 타협이 없었다. 약식 수업을 할 때 일이다. 찹쌀 8kg을 가마솥에 7~8시간 중탕으로 쪄야 한다는 말에 한 회원이 '압력밥솥에 하면 금방 돼요'라며 편하게 할 것을 권했다. 그러자 강인희 교수님은 '그게 약식이야, 찰밥이지'라며 원래 방법대로 하라고 지시하셨다. 결국 그날 수업은 8시간 내내 가마솥 옆을 지켜야 했고 한밤중이 되어서야 끝났다. 돼지머리나 쇠머리 편육도 돼지나 소의 머리를 사서 털을 쇠꼬챙이를 달궈 태워 제거하거나 면도칼로 일일이 깎고 몇 시간이고 삶아 뼈를 골라내고 우설과 콧구멍, 귀까지 일일이 긁어낸다. 뼈에 붙은 살을 다 발라내어 차곡차곡 올려 베 보자기로 네모지게 싸서 긴 끈으로 보자기가 보이지 않을 정도로 꽁꽁 동여매어 다시 물에 넣어 삶는다. 다 삶아지면 꺼내 무거운 돌을 올려 눌러놓는다. 이 과정이 여간 곤혹스러운 것이 아니어서 회원들이 뒷걸음질 치면 그 일은 온전히 이말순 선생님 차지가 되었다.
"강정을 한번 시작하면, 거짓말 안 보태고 찹쌀 한 가마니는 없었을 겁니다. 강정을 만드는 데 20일 정도 걸리는데, 결과물이 마음에 들지 않으면 처음 찹쌀을 물에 담가 삭히는 과정부터

시작해야 합니다. 한 번은 강정이 제대로 부풀지 않았는데 '이 선생, 이게 강정이야, 전봇대지' 하시는 겁니다. 그럼 또 처음부터 다시 해야 합니다. 기름도 한 번 쓰면 절대 다시 쓰지 않으시고요."
이말순 선생님이 해야 하는 일은 수업 준비와 강의 보조만이 아니었다. 강인희 교수님에게 오는 많은 취재 요청과 저서에 들어갈 사진 촬영을 준비해야 했고, 전시회가 열리면 그 준비도 회원들과 같이 해야 했다.
"요리를 하겠다, 한식의 대가가 되겠다 이런 목표가 있었던 것은 아니지만, 그래도 어린 시절을 생각해 보면 나에게 어떤 싹수가 있지 않았나 하는 생각이 듭니다. 여자 형제가 많은 집 막둥이라 굳이 제가 집안일을 돕거나 음식을 해야 하는 상황이 아니었는데도, 칭찬받고 싶어 음식을 만들곤 했습니다. 아주 어릴 때 아버지께 드리려고 냉잇국을 끓였지요. 밭에 가서 아주 조그마한 참냉이를 캐다가 깨끗하게 씻어 쌀뜨물을 팍팍 끓여서 간장으로 간을 하고 무 썰어 넣고 냉이에 콩가루를 묻혀 넣고 끓이는 거죠. 누가 끓이라고 한 것은 아닙니다. 그냥 아버지께 칭찬 듣고 언니들한테도 '니 잘했네' 하고 인정받고 싶었죠."
어린 시절을 생각하면 떠오르는 많은 음식들, 그 시절 어머니께 배운 음식 중에서 이말순 선생님이 가르치는 음식이 있다. 바로 산운식혜다. 경상북도 의성군 금성면 산운동의 내림 음식이라서 이름에 산운이 붙었는데 찐 찹쌀 고두밥에 엿기름, 밤, 배, 대추, 생강, 고운 고춧가루를 넣어서 만든다. 양력설 때면 어머니가 늘 떡국과 함께 손님들에게 대접하던 음식이다. 그 기억이 남아 선생님은 지금도 양력설이면 손수 만들어 세배객에게 내고, 친척들과 나누어 먹는다. 발효 음식이라 소화도 잘되고 감기 예방에도 효과적이며, 여러 가지 재료가 들어간 영양식이라 어른들에게 특히 좋다.
"우리나라에는 밥상머리 교육이라는 것이 있습니다. 조부모님, 부모님이 한집에서 같이 살았어요. 일꾼까지 더하면 식구가 열이 넘어요. 그때는 뜨물 하나도 그냥 안 버렸어요. 쇠죽을 끓여야 하니까요. 쌀 한 톨만 바닥에 떨어져 있어도 야단을 맞았죠. 우리 집은 할아버지, 할머니, 아버지, 일꾼들 상을 다 따로 차려서 끼니때마다 상 다섯 개를 차려야 했어요. 제사를 지내도 생선은 아버지 상에 못 놓아드리죠. 아버지 상까지 갈 게 없으니까요. 그런데 할아버지, 할머니 상에 올려드리면, 조금 있다 보면 모두

일꾼들 상에 가 있어요. 그러면서 할아버지께서는 '내 혼자 어떻게 먹나' 하세요. 사람을 소중히 여기셨죠. 그게 우리식 가정 교육이고 밥상머리 교육입니다. 어른들의 행동을 보고 따라 배우는 거죠. 그런 좋은 전통이 지금은 많이 사라졌습니다."

마음을 다해 지키다

이야기는 끝이 없다. 2001년 강인희 교수님이 돌아가시는 날까지, 14년 동안 이말순 선생님은 쉬지 않고 배우고 또 배워 뼛속에 새겨놓았다. 2001년 이후에는 '한국의 맛 연구회'의 일반반 수업을 맡게 되었다.
김현숙(한국전래음식연구회 3기 회장, 전 우송대학교 조리학과 교수) 회원은 이말순 선생님의 전통 요리에 대한 내공은 어느 누구에도 견줄 수 없다고 말한다. "강인희 교수님 밑에서 14년, 2001년부터는 '한국의 맛 연구회'의 일반반과 지금 '한국전래음식연구회'에서 가르친 기간을 모두 합하면 40여 년입니다. 그동안 재료의 밑 준비부터 조리의 전 과정을 반복하고 반복해 습득하고, 또 반복해 가르치셨기 때문에 선생님의 내공은 이루 말할 수 없습니다. 일반적인 전통 요리부터 돼지머리편육이며 어육장, 승기악탕, 구선왕도고같이 지금 어디에서도 배울 수 없는 음식까지 직접 해보지 않은 것이 없으니까요."

어느 때부터인가 이말순 선생님은 공부하며 기록을 하기 시작했다. 일종의 방과 후 공부였다. 지금처럼 자료가 풍부하지 않던 때라 음식에 대한 지식에 목말랐다. 그래서 조금이라도 음식과 관련 있는 것을 보면 스크랩을 했고, 스크랩이 불가능한 것들은 그대로 옮겨 적었다. 신문이나 잡지, 책 그 무엇이든 잘라서 오려 붙였다. 처음에는 음식에 관한 자료만 모았지만 어느 순간 역사, 지리, 영양 등 직간접으로 음식이나 식재료에 관련이 있다 싶은 것들로 범위가 넓어졌다. 지금도 선생님 댁에는 오래전부터 정리한 공책과 스크랩북들이 책장을 채우고 있다. 누렇게 빛바랜 공책을 펴보면 〈음식디미방〉이니 〈규합총서〉 같은 고조리서, 지금은 기억나지 않은 책이나 신문, 잡지 같은 데서 알게 된 조리법이 고운 글씨로 가지런히 기록되어 있다. 시간이 지나 볼펜의 잉크가 살짝 번지고 종이는 누렇게 퇴색되었지만

어디 한군데 잘못 읽을 염려 하나 없을 정도로 반듯하고 또박또박한 글씨체다. 그 공책을 펴는 순간, 30대의 이말순 선생님이 그려진다. 낮 시간의 노동으로 피곤해진 눈을 비비며 볼펜에 힘을 주어 기록하는 30, 40년 전 이천의 어느 밤. 그 밤은 40대, 50대, 60대 그리고 지금까지 이어진다. 요즘도 아무 때나 선생님 댁을 찾아가도 식탁이나 거실 어딘가에 선생님이 읽고 있는 우리 음식과 관련된 책이나 자료가 놓여 있다. 지금도 공부 중인 것이다.
신문과 잡지 스크랩은 또 어떠한가. 기사도, 기사가 붙어 있는 노트도 모두 변색되었다. 이미 고인이 된 언론인, 학자, 전문가들이 쓴 기사와 칼럼들. 지금은 산화되어 어디론가 사라지고 만 음식에 관한 크고 작은 기사들. 지금 우리 눈에 보이는 것은 그 기사의 내용이 아니다. 음식과 식재료에 관한 것이라면 사소한 것 하나조차 기억해 전달하고 싶은 이말순 선생님의 간절함이 느껴진다. 맞다. 이 지식 또한 지금까지 현재진행형이다. 언제라도 다시 펼쳐져 제자들에게 전해진다. 수업 시간에 다 전달하지 못하면 문자메시지로라도 말이다.
이말순 선생님이 이끄시는 '한국전래음식연구회'의 수업은 한식의 원형을 가르치는 것으로 유명하다.
"강인희 교수님이 살아 계실 때 한식을 선진화, 세계화한다는 말을 하지만 우리의 전통 한식을 제대로 잘 알지 못한 채 퓨전 한식 같은 새로운 것을 만드는 세태를 안타까워하셨어요. 저 역시 요즘 사람들이 우리 음식에 대해 더 많이, 더 잘 알았으면 하는 바람을 가지고 있어요. 올바로 알지 못하고서 세계화할 수는 없으니까요. 무엇보다 우리 음식은 영양식입니다. 3첩반상만 해도 우리에게 필요한 5대 영양소가 다 들어 있지요. 우리나라는 봄 여름 가을 겨울 사계절이 있고, 산과 바다, 들에서 나는 풍부한 식재료가 있어요. 이 자연을 재료로 삼는다면 우리는 물론, 세계인의 입맛에도 맞는 음식을 만들 수 있다고 생각합니다."
그래서 이말순 선생님은 자신이 배운 그대로의 한국 음식과 조리법을 가르친다. 시작은 파와 마늘을 음식에 들어가면 입자가 거의 보이지 않을 정도로 칼로 일일이 곱게 다져 쓰는 일이다. 수업 중에는 완자에 들어가는 쇠고기도 회원들에게 직접 칼로 다지도록 한다. 결과의 차이를 직접 체험하도록 하기 위한 일이다. 들어가는 재료의 목록이 반 페이지가 넘고, 정리한 레시피의

분량이 세 페이지가 넘는 신선로나 도미면의 조리법도 가능한 한 전래받은 방법 그대로 가르친다. 음식의 이름 역시 좀 어색하거나 논리적으로 맞지 않아도 옛 이름을 그대로 쓴다.

선생님이 우리 음식을 만들 때 가장 중요하게 생각하는 것은 간장과 된장, 고추장이다. 가늠하기 어려울 정도로 오랜 시간과 보이지 않는 정성, 이보다 더 천천히 만들어지는 슬로푸드가 있을까. 그래서 선생님은 수업에도 직접 담근 청장, 간장, 집진간장, 드물게 어육장까지 네 가지를 쓴다.

"장은 관리를 잘해야 해요. 아침마다 문안 인사하듯 돌봐야 하죠. 아침에 비가 오지 않는다고 뚜껑을 열어놨다가 비가 항아리 안에 들어오면 다 상해요. 날씨에 따라 잘 관리해야 해요. 또 장은 집마다 만드는 법이 조금씩 달라요. 이천에 간장 단지가 7~8개 있었는데, 1년이 지나면 누가 퍼간 것처럼 간장이 줄어요. 그러면 옆 항아리에서 옮겨 붓는 식으로 간장을 계속 한 단계씩 올려요. 그러니 20년 묵을 수도 있고 40, 50년 묵은 간장이 될 수도 있어요. 그러니 얼마나 맛있겠어요. 메주는 삼복에 만드는데, 구멍떡으로 만들어 새끼줄에 꿰어 달아놓고 발효시킵니다. 그리고 황균이 잘 발효되었는지 아침저녁으로 문안 인사하듯 관리합니다. 고추장은 단지에 넣고 긴 막대기로 저어야 하는데 그것만도 엄청 힘들어요."

알고 보면 된장이나 간장은 모두 단순히 콩으로 만드는 것이 아니라 정성과 시간으로 빚는다. 그래서 더욱 귀하다. 장이 맛있으면 모든 음식이 맛있다. 장은 그 자체로 한국 요리의 정신인 것이다. 오래된 된장, 간장은 그 자체로 보약이다.

가르치는 음식의 종류도 많고 가르침 자체도 크다 보니 특정 짓기 어렵지만 조희숙(한국전래음식연구회 2기 회장, 한식공간 대표) 회원은 이말순 선생님의 음식의 특징을 '단순하고 특별한 양념이 없다'고 규정한다. "기본적인 양념으로 모든 요리를 하신다고 할 정도로 재료 선정과 조리 과정을 철두철미하게 지킴으로써 맛을 끌어내는 형태입니다. 간장, 된장, 고추장, 파, 마늘, 참기름, 깨 같은 한식의 기본 양념을 거의 벗어나지 않는 범위에서 수많은 요리를 하지요. 재료 각각이 제맛을 내도록 하는 겁니다."

이쯤 들으니 우리가 한식의 특징이라 생각했던 양념에 대한 개념이 달라진다. 실제로 '한국전래음식연구회'에서 가르치는 어떤 음식도 양념 범벅인 것은 없다. 주재료의 맛을 정직하게 살리고 양념은 오로지 그 맛을 보조하거나 살리기 위해 넣는다. 심지어 이말순 선생님은 양념장을 만들 때도 간장은 항상 마지막에 간을 보면서 넣도록 가르친다. 간장의 염도가 조금씩 달라 먼저 넣으면 양념이 짜질 수 있기 때문이다.

조희숙 회원은 이말순 선생님이 한식의 중심을 올곧게 잡아주고 계시다고 말한다. "시대에 따라 끊임없이 변화하고 발전하는 흐름과 옛것을 올곧게 지키는 흐름, 이 두 가지가 공존해야 우리 음식의 본질이 바뀌지 않고 우리 색을 드러낼 수 있습니다. 우리(한식 또는 한식 셰프)가 지금 제대로 잘 가고 있나 한 번씩 되돌아볼 때 언제나 그 지점을 지키는 지표가 있어야 합니다. 음식도 문화이다 보니 외국과의 교류나 시류에 따라 변할 수밖에 없는데 고유성을 잃으면 한식이 존재할 의미가 없습니다. 지금 그 중심을 지키고 계신 분이 이말순 선생님이십니다. 솔직히 재료, 조리법 하나하나 어긋남 없이 지켜내는 일은 선생님 같은 성정을 가진 분이 아니면 쉽지 않습니다."

서명환(한국전래음식연구회 회원, 연희떡사랑 by 미적감각 대표) 회원은 "이말순 선생님은 한식하는 사람들의 표본입니다. 음식에 관련해서는 절대 타협하지 않으시고 전통 그대로 저희한테 전하려고 하시는 분이에요. 예를 들면 시판 간장이나 양념을 전혀 안 쓰세요. 지금도 항아리에서 장을 떠서 한식하시는 분은 찾기 어렵습니다. 앞으로도 선생님 같은 분은 없을 것입니다"라고 말한다. 그는 이말순 선생님의 가르침을 받기 시작한 후로 장을 담그기 시작했다. "이말순 선생님에게 배운 이후로 제 인생 철학이 바뀌었습니다. 전에는 멋을 내고 화려한 것을 좇았다면, 지금은 특히 한식 하는 사람이 자기 양념이 없으면 안 되겠다는 생각이 듭니다."

우리 음식의 본질을 지키기 위해서는 먼저 우리 음식이 무엇인지 알아야 한다. 길을 잃었을 때 방향을 잡아주는 역할, 언제 보더라도 그 자리에 있는 부동석처럼, 이말순 선생님의 한식은 우리 전통 음식의 본질을 흐리지 않고 그 위에 셰프 자신의 색깔을 입혀나갈 수 있는 중심축이 된다. 반석 위에 세워진 집처럼, 전통이라는 기본을 단단히 닦아주면 제자들은 자신들의 일터로 돌아가 그 기본 위에 노력과 창의성을 입혀 자신의 버전을 만든다.

힘껏 물려주다

2013년 건강상의 문제로 '한국의 맛 연구회' 수업을 중단하고 쉬고 계시던 이말순 선생님에게 옛 제자들이 찾아와 다시 수업을 요청했다. 2015년에 선생님은 그들과 '한국전래음식연구회'를 설립하고 고문이 되어 수업을 하게 되었다. 선생님의 수업이 다시 시작되었다는 소식에 옛 제자들도 하나둘 모여들었다. 지금은 수강 신청을 해놓고 자리가 비기를 몇 년째 기다리는 대기 인원만 50여 명에 이른다.

수업은 한 달에 두 번, 두 팀으로 나누어 진행한다. 40여 년 경력의 베테랑 셰프부터 새내기 셰프, 조리과 교수, 음식점 대표, 푸드 스타일리스트, 식품 관련 기업의 연구원 같은 이들이 참가한다. 그러면 이말순 선생님의 홍제동 아파트는 '한국전래음식연구회' 회원 모두의 부엌이 된다. 그날의 음식을 완성하기 위해 좋은 식재료를 공수해 오고, 파와 마늘을 다지고, 그릇을 씻는다. 이말순 선생님이 회원들에게 조리법을 하나하나 알려주고 회원들은 그 지시에 따라 일사불란하게 음식을 만들지만, 정작 선생님은 이 과정을 "공동 수업을 하면서 서로 도와주는 것"이라 말한다.

"회원들 각자가 아는 게 같지 않거든요. 이분은 경상도 이분은 전라도, 고향이 다를 뿐만 아니라 음식에 대한 배경과 지식도 다 다릅니다. 수업을 통해 그 배경과 지식을 서로 공유하는 거지요."

수업이 끝나면 그 현장은, 어머니께서 가족을 위해 음식을 준비하던 부엌에서 그대로 일상을 나누는 시끌벅적한 가족들의 밥상으로 바뀐다. 회원들은 둘러앉아 그날 같이 만든 음식과 선생님께서 별도로 준비해 주신 밥과 반찬, 때로는 회원들이 가져온 음식이나 식재료, 간식, 과일을 나누어 먹으며 자신들의 이야기를 나눈다. 음식을 만들 때는 정성을 다하고 먹을 때는 서로 정을 나누고 때로는 마치 오래된 우리네 밥상머리처럼 가정교육이 이루어지기도 한다. 이말순 선생님이 요즘 가장 많이 던지는 화두는 식재료에 관한 것이다. 오랫동안 같은 재료로 같은 음식을 거듭 만들다 보니 달라진 것이 보이기 때문이다.

"같은 조리법으로 만들었는데, 전에 없이 이상하게 거품이 생기기도 하고 제맛이 나지 않거나 맛이 달라지기도 해요. 지금은 구할 수 없는 재료도 생기고, 요즘은 정말 좋은 재료

구하기가 참 어렵습니다."

다음으로 회원들에게 던지는 두 번째 밥상머리 교육은 한식 교육에 관한 것이다.

"몇 년 전 서대문구청의 요청으로 초등학교 세 곳에서 '장 담그는 할머니'라는 이름으로 특강을 한 적이 있습니다. 아이들과 간장과 된장을 같이 만들었지요. 된장이 다 익었을 때 아이들에게 알려주지 않고 시판 된장과 특강 때 담근 된장을 먹어보고 더 맛있는 걸 고르라고 했습니다. 놀랍게도 아이들은 하나같이 직접 담근 된장이 더 맛있다고 골랐고, '우리 할머니가 담근 된장 맛이 난다'고 했습니다. 한 아이는 시판 된장을 두고 '탕수육 맛이 난다'고 하고요."

그날 선생님은 당신이 인스턴트와 배달 음식에 익숙한 요즘 아이들은 우리 맛을 모를 거라고 오해했다는 사실을 알게 되었다. 어른들이 아이들에게 그런 음식을 먹여놓고 외려 아이들이 그런 음식만 좋아한다고 생각한 것. 우리 몸에는 한국의 자연이 만든 우리 음식이 잘 맞는데, 아이들의 입맛을 망친 장본인은 어른들인 것이다. 유학생들이 다른 나라에서 온 학생들과 각기 자기 나라 음식을 가져오는 파티에 갔다가 전기밥솥에 코드를 꽂는 것 외에는 한국 음식을 전혀 할 줄 몰라 부끄러웠다는 이야기가 선생님을 쓸쓸하게 만든다.

이말순 선생님은 수업할 때 조리법 외에도 당신이 읽은 책이나 기사, 논문에서 발견한 음식이나 식재료 관련 내용이 담긴 복사물을 나누어 주신다. 보통 수업이 진행되는 내내 온갖 질문들이 쏟아지는데, 현장에서 대답하지 못하면 나중에 전화로 설명을 해주신다. 요즘 선생님은 한 회원이 최근에 출간한 한과 책을 시간이 날 때마다 보신다. 300쪽 정도 분량에 글도 너무 많고 글씨도 작아 보기 힘들지만 돋보기로 한 줄도 빼놓지 않고 읽고 있다. 그중 다시 생각해 봐야 하는 것, 잘못된 것, 이견이 있는 것들을 표시해 놓으신다. 확실하지 않은 부분은 주변에 묻거나 자료를 찾아보실 정도다.

"그냥 잘 만들었다, 수고했다 칭찬하고 끝낼 수도 있습니다. 그게 저도 회원도 더 편할 수 있고요. 그런데 저는 선생이니까 끝까지 읽고 알려주는 것이 옳다고 생각합니다. 힘 닿는 데까지 알려 주고 싶습니다."

이말순 선생님의 가르침은 고스란히 이 책 〈한국전래음식〉에 들어 있다. 2018년에 1권을 만들었지만, 그건 회원들끼리 레시피를

공유하기 위해 비매품으로 만든 책이니 공식적으로는 이것이
첫 책인 셈이다. 회원 모두가 공동 저자인 이 책에는 우리 음식을
더 많이 알리고 싶은 하나 된 마음이 담겼다. 우리 전통 음식이
원형 그대로 담겼고, 거기에 이말순 선생님이 직접 경험해서
터득한 방법이 더해져 있다. 언뜻 보면 우리 음식의 레시피가 요즘
사람들이 보기에 단순하지 않을 수도 있다. 하지만 그 과정을
철저히 재현하며 기록했다. 그래서 회원들은 이 책이 자랑스럽다.
궁가 음식, 반가 음식, 향토 음식, 각 가정의 내림 음식을 아우르는
전래 음식을 자랑하고 알리는 데에도 이 책의 목적이 있다.
누군가는 레시피를 이토록 자세히 공개해도 되느냐고 묻는다.
그때마다 이말순 선생님은 이렇게 대답하신다.
"레시피를 죽을 때 가져가나요?"
"우리 전래 음식은 어른들에게서 전해 내려오는 음식이지요.
그래서 저는 음식의 이름도 바꾸지 않아요. 제가 창작한 게
아니니 옛날 음식을 마음대로 못 고쳐요.
스승인 강인희 교수님께서도 전래 음식은 특정한 누군가의 것이
아니라 우리 모두의 음식이라고 생각하셨습니다."
이말순 선생님은 앞으로 해보고 싶은 일이 있다.
한국전래음식연구회의 독립된 공간을 마련하는 일이다.
사랑방처럼 회원들이 아무 때나 들락거릴 수 있는 곳. 연구소가
아니라 그저 작은 도서관이어도 괜찮다.
"언제까지 내가 가르칠 수 없잖아요. 어떨 땐 힘들어서
'내가 이걸 왜 하지' 싶을 때도 있었지만 이 수업을 통해
회원들이 서로 만나잖아요. 그렇게 모임거리나 친목거리가 되고
또 이야깃거리나 공부거리도 되고요. 내가 모아놓은 자료들을
누군가 활용했으면 싶습니다. 그런 장소가 있으면 내 것뿐 아니라
다른 선생님들의 자료도 모일 거예요. 각자의 자료와 지식을
공유할 수 있겠지요. 중요한 건 결국은 우리 맛을 아는 거예요.
먼저 우리 조상들이 오랜 세월 동안 전래한 우리 맛을 알아야
앞으로 우리 맛이 이어질 겁니다."
전래 음식은 사람을 통해서만 전해진다. 〈한국전래음식〉이라는
중간 여정 이후에도 한국전래음식연구회와 함께하는
이말순 선생님의 부엌은 칼질하는 소리로 가득할 것이다.
음식은 우리 삶의 근원임을 상기하며, 온 마음으로 정성을
다하며. 선생님에게 음식은 인연이고, 인연은 사람이다.
즉 음식은 사람인 것이다.

"가장 좋은 음식은 먹을 사람을 고려한 음식입니다. 그 사람의
나이나 취향, 식성, 몸의 상태는 물론 고향까지 고려해 준비한
음식이 최고의 음식이 아닐까요."

글 조소현
에비뉴엘 편집장

이말순 선생님께

용문의 가을 초입, 서늘해진 바람, 따갑지 않은 햇살 그리고 마지막으로 전력을 다해 열매를 맺는 고추와 호박들. 손 수술을 마치고(사실 이 수술도 송편을 빚기 위해 했습니다. 하필 떡 빚는 데 중요한 엄지손가락이 움직이지 않았거든요.) 열흘간 서울 '떡의 미학'에서 열심히 송편을 빚고 지금은 용문에 내려와 한숨 돌리고 있습니다. 선생님 아시죠? 저희 송편은 반죽부터 구멍을 내 소를 넣어 오므리고 빚어 꽃 장식을 만들어 올리기까지 모두 손으로 하잖아요. 심지어 소에 껍질이 하나도 들어가지 않게 하기 위해 거피 녹두와 팥을 한 컵씩 작은 하얀 접시에 부어 족집게로 껍질과 잡물을 완전히 골라내요. 껍질이 하나라도 들어가면 맛이 달라지니까요. 그러니 지금은 격렬한 전투를 마치고 휴가 나온 병사처럼 집에서 병원을 다니며 온전히 쉬고 있었습니다. 마당의 풀 뽑는 것조차 잠시 멈추고요.

오늘, 선생님의 제자 한 분이 책을 가지고 내려왔습니다. 〈한국전래음식〉을요. 한 장 한 장 넘겨봤습니다. 같은 선상에서 비교할 수 없지만 그저 핸드폰으로 촬영해 만든 1권과 많이 다르더군요. 제자들이 많이 성장했네요. 제가 다 뿌듯합니다. 그러면서도 마음 한 켠이 울컥합니다.

선생님, 무엇보다 참 행복하시겠어요. 책에서 스승의 가르침을 한 올도 놓치지 않겠다는 제자들의 마음이 느껴집니다. 제가 선생님을 아니까, 제자들에게 이런 마음이 들게 할 정도로 얼마나 잘 가르치셨을까 싶습니다. 그것이 제가 제 조카 혜수를 선생님 수업에 보냈던 이유이기도 하고요. 사실 요즘은 선생님처럼 제대로 된 전통 음식을 가르쳐주실 분이 없어요. 그때 조카를 보내면서 "아무것도 생각하지 말고 설거지만 열심히 해라. 파와 마늘도 부지런히 다지고. 그것만 열심히 해도 네가 그만큼 배우는 거야" 하고 일렀습니다.

생각해 보니, 선생님과 저의 인연도 30년이 훌쩍 넘었습니다. 처음 만났을 때 저는 연희동에서 김밥이랑 구절판, 잡채, 인절미 같은 음식 몇 가지를 파는 작은 가게를 운영하고 있었지요. 간판도 없을 정도로 작지만 알 만한 사람들은 다 알아 소문 듣고 찾아오는, 조용하게 유명한 가게였지요. 그때 저는 금요일마다 새벽 6시에 연희동에서 버스를 타서 신촌역에서 지하철로 갈아타고 강변역에서 내려 시외버스를 타고 이천 시내에 도착한 다음 택시를 타고 연구실에 갔습니다. 수업이 끝나면 오후 5시, 막내이던 제가 설거지까지 마치고 다시 다양한 교통수단을

갈아타며 집에 돌아오면 밤 10시. 그래도 수업이 워낙 재미있어 빠지지 않고 출석했습니다. 수업을 들으면 들을수록 제 지식과 실력도 체계가 잡히는 것이 느껴졌고요.

그 전에도 인절미나 시루떡을 만들었지만 떡을 제대로 배운 것은 그때였습니다. 강인희 교수님이 가르쳐주신 방법을 출발점으로 삼아 셀 수 없이 만들고 또 만들어봤습니다. 수없이 반복하면서 배운 재료에서 뺄 건 빼고 더할 건 더하고, 간도 조절하고 재료도 바꿔보면서 말이죠. 정말 많은 떡을 버렸습니다. 그러면서 제 것을 찾아냈습니다. 그러다 보니 어느덧 저는 '착한 연희동 떡집', '수요미식회 그 떡집' 사장이 되었습니다.

저희 집 육포도 마찬가지예요. 연구회에서 조리법을 배운 후 셀 수 없이 반복해 만들어보면서 제 것을 찾아냈습니다. 방법과 재료의 분량을 조금씩 달리해 만들어 이웃에게 돌려 관능평가를 부탁하느라 재료비만 천만 원도 더 쓴 것 같아요. 선생님, 아시잖아요. 제가 노력형인 것을. 그때도 선생님이 말씀하셨죠. 힘들고 빛도 나지 않는 일은 다 제가 한다고요. 그러면서 안타까워하셨지요. 그런데 저는 오히려 선생님이 안타까웠어요. 얼마나 힘드실지 아니까요. 수업이 있으면 레시피 정리부터 재료 준비까지 다 손수 하시는 데다가 준비해야 하는 양도 엄청났잖아요. 그때는 저희 모두 익숙하지 않으니, 수업 때마다 "이렇게 하면 돼", "그렇게 하면 안 되지" 하며 일러주시고 하는 법을 직접 보여주시고요. 당시 강인희 교수님이 TV 출연과 인터뷰 같은 대외 활동이 많아 저희가 도와드린다고 해도 모든 준비는 선생님이 총괄하셔야 했으니까요. 뭐라 할까, 음식의 시작부터 끝까지, 그리고 죽부터 떡, 한과, 음료까지 모든 종류를 망라해 하셔야 했으니까요. 그것도 그렇게 오랜 세월 동안 반복해서 하셨으니, 선생님의 우리 음식에 대한 노하우가 얼마나 대단할지 가늠조차 되지 않습니다. 무엇이든 한 번 하는 것보다 두 번 하는 것이 낫고, 두 번 하는 것보다 열 번 반복하는 사람이 잘하게 됩니다. 거기에 선생님의 진정성까지 더해졌으니 어디에서도 선생님의 수업을 따라갈 곳은 없으리라 생각합니다.

선생님, 앞으로도 건강하셔서 전통 음식을 제대로 아는 제자도 많이 길러내시고, 저와도 오래오래 수다 떨어주세요.

김명순
떡의 미학 대표

한국전래음식연구회의 〈한국전래음식〉의 출간을 진심으로
축하합니다.

무엇보다 이 책을 만든 '한국전래음식연구회' 회원분들과 앞으로
이 책을 보며 공부하실 모든 분께 감사드립니다. 한국 음식이
평생의 업인 저에게는 우리 음식에 관심을 갖고 공부한다는 사실
만으로도 너무나 고마운 생각이 듭니다. 세상이 앞으로 어떻게
변할지 모르지만 이렇게 열심히 공부하는 사람들이 있기에 우리
음식이 면면히 흐르리라 생각합니다. 이 흐름에 동참해 주어서
참으로 고맙습니다.

이 책을 받아 펼쳐보니 제가 한식 공부를 시작한 때가
생각납니다. '자하손만두'를 오픈한 지 2년 뒤니까 1995년
무렵이었습니다. 사실 자하손만두는 가족끼리 나눈 사소한
대화에서 시작됐습니다. 제 지인의 친구가 만든 만두를 먹으며
"나도 만두는 잘 만들 수 있는데 해볼까?"라고 했더니, 지금도
같이 일하는 올케가 "그래요 언니, 놀면 뭐해요"라며 의기투합해,
우리는 그길로 파라솔 3개와 만두 그릇 20개를 사서 친정집(현
자하손만두 자리) 마당에서 만둣집을 열었습니다. 집에서 만들어
먹던 그대로 만두를 만들고 양지머리를 삶아 국물을 내어
만둣국을 끓여 손님에게 냈고요. 할머니께서 당신이 담근 장도
내어주시고 김치도 손수 담가주셨습니다. 점차 윗마당, 마루,
큰방 하나 작은방 하나, 옥상 그렇게 장소가 늘어나 지금의
자하손만두가 되었습니다.

오픈한 지 2년쯤 지나자, 저에게 어떤 목마름이 생겼습니다.
그 자리에 안주하지 않고 더 발전하고 싶었습니다. 좀 더 정확히
말하자면 제가 하는 음식에 깊이를 더하고 싶었습니다. 그래서
찾아간 곳이 '강인희 전통음식연구소(한국의 맛 연구회 전신)'였고
그곳에서 이말순 선생님을 만났습니다. 당시 선생님은 연구소의
조교로 계셨습니다. 말이 조교지 실제로는 작은 선생님이랄까요.
강 교수님이 연로하시니 이 선생님이 실무적인 일을 도맡으셔야
했으니까요. 이말순 선생님은 우리 음식의 조리법과 재료에
원칙적이며 타협하지 않으셨습니다. 회원들의 좋은 모습만
봐주시고 언제나 꿋꿋하게 당신이 할 일만 하시고요. 30여 년이
지난 지금도 한결같은 모습입니다. 한번 인연을 맺으면 변함없는
믿음을 주시고요. 지난여름에도 집으로 초대해 주셔서 따뜻한
밥과 맛있는 손두부를 먹었습니다.

2001년에 강 교수님이 돌아가셨을 때 저희 회원들은 연구회가
이대로 없어지면 안 된다고 생각했습니다. 이말순 선생님을 설득해
'한국의 맛 연구회'를 이어갈 수 있었습니다. 이 선생님과 연구소
자리를 보러 남태령 쪽을 돌아다니던 기억이 납니다. 이말순
선생님께서 일반반 회원들을 가르치셨습니다. 육체적이로나
정신적으로 힘드셨던 것으로 압니다. 그래도 변함없이 늘
한결같은 모습으로 연구소를 처음 찾아오는 회원들을 성심성의껏
가르쳐 어엿한 한식 전문가로 키워내셨습니다.

제가 우리 음식을 공부하는 동안 가장 재미있게 배운 것은
떡입니다. 한국전래음식연구회에서 이번에 만든 이 책을 보니
그때 배웠던 떡의 맛과 즐거움이 떠올라 제 눈도 학생처럼 다시
반짝반짝 빛납니다.

세상이 너무 빨리 변화하고 발전합니다. 우리 음식도
마찬가지고요. 그렇지만 저는 앞으로 이 책을 보고 한식을
공부하는 분들에게 이런 말씀을 드리고 싶어요. 어떤 일을 하든
자신이 가지고 있는 소중한 부분을 쉽게 양보하거나 타협하지 말고
소신대로 하라고요. 흔들릴 때도 있고 늘 성공하는 것도 아닙니다.
물론 그것만이 정답도 아니고, 자신이 옳다고 믿는 것을 지키는
것이 행복을 보장하지도, 돈을 많이 벌게 해주지도 않습니다. 다만
고비가 오거나 시련이 닥쳤을 때 이겨낼 힘을 줍니다. 그리고 그
소신이 하나둘 쌓여 그 자체가 자신의 인생이 되어버립니다.

다시 한번 말씀드리지만, 이말순 선생님이 계셔서 정말
감사합니다. 세상 어디에도 선생님처럼 가르쳐주실 분은 없을
겁니다. 그리고 한국 전통 음식에 관심을 갖고 공부하시는
여러분이 계셔서 감사하고 고맙습니다.

이말순 선생님은 저에게 늘 "이제 일 그만하고 좀 쉬어"라고
말씀하시지만, 저는 선생님께 다른 말을 드리고 싶습니다.
"선생님은 쉬지 마시고, 천천히 길게 소중한 우리 젊은이들을
많이 가르쳐주세요. 그러기 위해서는 건강하시고 기운도 떨어지지
않게 잘 관리하셔야 해요"라고요.

선생님, 시간이 나면 늘 말씀하신 대로 우리 할머니 묘소에
성묘 한번 같이 가요. 제가 우리 한식을 배우면서 느낀 기쁨과
행복을 이 책을 보는 여러분도 느껴보시기를 바랍니다.

박혜경
자하손만두 대표

목차

반 가 음 식 소 사

김현숙

한국전래음식연구회 3기 회장, 전 우송대학교 조리학과 교수

한국의 전통 음식은 오랜 역사와 다양한 발전을 거쳐왔으며, 특히 양반 가문에서
전해 내려온 '반가 음식'은 조선시대 유교적 가치관을 반영한 고유의 음식 문화로
자리 잡았다. 반가 음식은 궁중 음식과 더불어 상류층에서 발달했으며, 절제된
맛과 정갈한 상차림, 예를 중시하는 특징을 가지고 있다. 그러나 현대사회에
와서는 산업화와 핵가족화로 인해 전통의 음식을 잇기보다는 편리성, 기호성,
간편성을 좇는 추세다. 현재 반가 음식은 한식 기초를 다지고 궁중 음식을
배워 한국 전통 음식의 심화 과정을 밟거나, 품격 있는 반가 음식의 맛을 다시
살리려는 사람들을 중심으로 전래되고 있다.

반가 음식은 예로부터 전국 팔도에서 최상급 식재료로 전통을 충실히 따르고
숙련된 솜씨로 이어져온 귀중한 문화유산이자 향토 음식의 정수이며, 궁중
음식과 사찰 음식, 시절식 등과도 분리되지 않는 상호적 관계를 가지고 있다.
또한 반가 음식의 가장 중요한 기본 양념은 전통 발효를 거쳐 담은 장류인 집청장,
집진간장, 고추장, 젓갈, 식초 등을 비롯해 입자가 보이지 않을 정도로 다진 파와
마늘, 국산 깨, 국산 참기름, 간수를 뺀 천일염 등이다. 반가 음식은 제대로 갖춘
양념으로 전래의 조리법으로 재현해 대를 이어 전해 내려온 본질의 맛을 알게
되면서 비로소 터득하기 시작한다.

조선시대 반가 음식의 기록

한국 전통 음식은 기원전 고조선시대에서 뿌리를 찾을 수 있으며, 삼국시대에는
각국의 지리적 위치와 기후 조건에 따라 다른 특성을 가진 음식 문화가
발달했다. 백제는 장류 같은 발효 음식이 발달하고, 고구려는 육류가 주가 되는
음식이 발달했으며, 신라는 해산물 중심의 음식 문화가 발달했다. 고려시대에는
중앙집권화 된 권력 구조와 국교인 불교를 중심으로 통일된 음식 문화를 가지고
있었다. 이때 전통 음식의 기반을 마련되었다.

조선시대에는 숭유정책에 따라 기록을 중시하는 문화가 자리 잡았다. 식문화적인
측면에서는 봉제사 음식과 접빈객 음식이 발달했으며 식사 예절과 음식의 조화에
이르기까지 한국 전통 음식의 황금기를 이루었다.

조선시대는 엄격한 신분제도가 있었다. 〈정조실록〉 5권에 따르면 조선 초기에는
양반이 1% 미만이고 대부분 평민과 천민층이었다가 조선 후기에 이르러 양반이
70%로 증가했다고 한다. 신분제도는 1894년 갑오개혁과 1895년 을미개혁을
실시하면서 폐지되었으나 일제강점기를 거쳐 광복을 맞은 1945년 8월 15일까지
그 의식이 잔존했다.

한국 전통 음식은 신분을 기준으로 궁중 음식, 반가 음식, 일상 음식이 있고,
지역을 기준으로 각도별 향토 음식이 있으며, 1년을 기준으로 계절에 따른

명절 음식인 다양한 시절식이 있다. 또한 생애 주기에 따라 통과의례식이 있고, 종교에 따라 사찰 음식이 있으며, 천재지변으로 인한 기근과 질병에 따라 활용하는 구황식이 있다. 특히 유교 사상을 바탕으로 충(忠)과 효(孝)를 최고의 도덕규범으로 삼는 조선시대의 사회 분위기 속에서 봉제사 음식과 접빈객 음식이 발달하며 전통 음식 문화 발전에 크게 기여하게 된 것이다. 봉제사 음식은 반가에서 예와 절차를 갖추어 조상님께 제사를 지낸 후 제사 음식을 같은 지역에 사는 주변 하층민과 음복했는데, 존경받는 사회 지도층의 잔치 풍습으로 자리 잡았다.

궁중 음식에 대한 기록은 의궤를 통해 알 수 있다. 의궤에 따르면 궁가의 연회인 진연이나 진찬을 위해 마련한 음식을 찬합에 담아 삼정승과 일부 상위 관료들에게 하사함으로써, 궁 밖으로 나가게 되어 궁중 음식과 반가 음식의 봉송(封送) 교류의 배경이 되었다. 다만 조선시대 음식 문화 연구는 문헌을 통해 이루어질 수밖에 없다. 조선시대 반가의 식생활에 관해 기술한 문헌인 식경(食經)의 역사를 약술하면 다음과 같다.

왕실 어의 전순의가 집필한 〈산가요록〉(1450년경)은 230품에 이르는 방대한 음식의 조리법과 저장법이 기록되어 있으며 놀랍게도 온실 짓는 법이 나와 겨울에도 채소류를 수확할 수 있는 방법 또한 설명되어 있다. 전순의가 세조의 명에 따라 편찬한 〈식료찬요〉(1460)는 약과 음식의 근원이 같다는 약식동원(藥食同源) 철학을 바탕으로 45가지 질병에 도움이 되는 음식의 조리법을 기록한 우리나라 최초의 식이요법서다.

김유와 그의 손자 김령이 대물림해 쓴 〈수운잡방〉(1540년경)은 음식 121품이 수록되었으며, 2012년 경상북도 유형문화재 435호로 지정되었다가 2021년에 국가지정문화재 보물 제2134호로 지정되었다. 종가에서 '수운잡방 연구소'를 설립했다.

임진왜란이 일어난 1592년부터 1627년의 정묘호란을 거쳐 1636년에 일어난 병자호란까지 1590년대부터 1630년대는 조선의 국정을 뿌리째 뒤흔드는 큰 전쟁이 일어난 시기다. 백성들이 심각한 흉작과 기근에 시달리던 이때 자연 상태의 식재료 개발이 이루어지고, 더불과 제독(除毒)과 보양 조리법이 발달했다. 허준의 〈동의보감〉(1610)은 탕액 편에 우리가 즐겨 먹는 식품을 한의학적 성미(性味)로 특성을 구분 지어 식품의 효능과 조리법에 따라 약으로 쓰일 수 있는 약식동원을 실현하도록 한 대표적인 책이다. 허균의 〈도문대작〉(1611)은 최초로 전국 팔도의 식품과 명산지에 대해 기록한 음식 평론서로 144품이 소개되어 있다.

해주 최씨가 쓴 〈음식법(최씨)〉(1660년경)은 〈자손보전(子孫寶傳)〉이라는 서첩에 실린 책으로 한 가문에서 '음식을 짓는 일'을 7대에 걸쳐 며느리에게 대물림해 지었다. 며느리들이 가문의 맛을 보전하기 위해 밤마다 호롱불 앞에 앉아 기록한 최초의 한글 조리서다. 이 책에는 일상 음식이 기록되어 있는데, 가령 김치로는 할미꽃 넣는 김치, 토란김치, 간장과 참깨로 버무리는 무김치가 실려 있으며, 향신료는 형개, 분디, 차조기 등을 썼다. 고춧가루를 쓰기 이전 우리 전통 음식의 특징을 알 수 있는데, 고춧가루 대신 맨드라미를 우려 물김치에 활용하는 등 1600년대 충청도 지역 반가에서 실제로 만들어 먹은 음식 조리법을 기록한 실용적인 책이다.

정부인 장계향이 서술한 〈음식디미방〉(1670년경)은 '음식 맛을 아는 방법'이라는 뜻으로, 표지에 한자로 쓰인 〈규곤시의방〉이라는 제목은 자녀들이 붙인 것으로 '부녀자들의 길잡이'라는 의미다. 한 집안의 어머니가 며느리와 딸에게 전하는 책이다. 이 책에 실린 음식들은 반가 음식 중 현대에 실용화가 가장 활발해 전통 음식 문화 계승 사업에 따라 체계적으로 교육과 체험 사업이 이루어지고 있다. 외국, 특히 동아시아 지역에도 우리나라를 대표하는 음식으로 잘 알려져 있다.

어의 이시필이 쓴 〈소문사설〉(1720년경)은 역관과 함께 중국과 일본 등지를 다녀와 각국의 조리법과 고유의 전통 음식을 기록한 책이다. 일본의 가마보곶(可麻甫串)을 숙종의 수라상에 최초로 올렸는데, 이 음식은 이후에 궁중의 어선으로 발전했다. 이 책에 나온 면근탕(麵筋湯)은 조선시대 궁중에서 장례를 치르는 동안 상주들이 육류를 일절 먹지 않고 소식(蔬食, 채식)을 할 때 밀가루의 글루텐 성분만으로 고깃국처럼 끓이는 음식이다.

반가 음식은 한글로 쓴 편지인 언간문에 기록된 손님상, 자식 관례 때 쓰는 음식, 세시 음식, 상중에 받는 과일, 제사에 쓰는 음식, 진지와 다담상, 선물로 보내온 음식을 알 수 있다. 이는 반가 음식의 역사를 밝히는 데 중요한 자료가 되었다.

가정 백과사전이라 할 만한 빙허각 이씨의 〈규합총서〉(1809)는 조선시대 반가 규수가 얼마나 박학다식했는지 알 수 있다. 이후 이 책은 한양의 양반가에 널리 보급되면서 반가 음식이 더욱 발전하는 기폭제가 되었다.

당시에는 여성들이 조리서가 내려오는 다른 반가를 방문할 때 대서(代書)할 사람을 데리고 가는 풍습이 있었다고 한다. 여인들이 서로 친교를 나누는 동안 동행한 대서인은 음식법을 필사하는 것이다. 그래서 지금까지 내려오는 여러 반가 조리서들은 음식법이 겹치는 부분이 꽤 있다. 〈규합총서〉의 내용이 〈시의전서〉〈부인필지〉〈음식방문〉〈음식방문니라〉 등에 중복되는 것을 볼 수 있다. 또 18~19세기에는 조선시대 책 대여점인 세책점이 등장했다. 이 대여점에는 필사한 책, 즉 세책본을 빌려주었다. 대부분은 소설책이었지만, 소설의 뒤쪽에는 여러 가지 음식 만드는 법, 술 빚는 법, 상차림의 종류, 혼인 예법 등이 기록되어 생활 백과처럼 활용되었다.

1900년대 이후, 반가 음식의 연구 계보

1900년대 이후 반가 음식은 가정보다 학교교육을 중심으로 전달, 계승하며 전공자들에 의해 연구되었다. 고조리서의 서술 방식인 음식명과 조리법을 서술한 형태에서 재료와 만드는 법을 분리해 쓰는 방식이 자리 잡았다.

방신영의 저서 〈조선요리제법〉(1917)은 1917년부터 1962년까지 이화여자대학교 가정학과 수업 교재로 활용된 책으로, 반가 요리의 재료를 계량화하고 상세한 조리법을 기록했다. 이 책에 삼겹살은 돼지고기에서 가장 맛있는 부위라는 내용이 기록되면서 삼겹살이 음식명으로 굳어졌고, 1959년부터 삼겹살이라는 단어가 신문에 등장했다고 한다.

한희순(1889~1972) 상궁은 1955년부터 1967년까지 숙명여자대학교 조교수로 재직하며 학생들에게 궁중 음식을 가르쳤고, 1970년 무형문화재 심사에서 제1대 궁중음식 무형문화재로 지정되었다.

황혜성(1920~2006)은 숙명여자대학교, 한양대학교, 명지대학교, 성균관대학교 가정과에서 조선 요리와 궁중 음식을 전수했으며, 제2대 궁중음식 무형문화재가 되었다. 한복려 궁중음식연구원 원장과 정길자 궁중병과연구원 원장 또한 국가무형문화재 제38호로 조선왕조궁중음식 보유자가 되면서 궁중 음식이 면면히 이어지고 있다.

조자호(1912~1976)는 순종의 비인 순정효황후 윤씨와 이종사촌 자매 간이다. 일본의 동경제과학교를 졸업했으며, 중앙여자고등학교를 설립해 교사로 근무하면서 전통 음식을 가르쳤다. 1900년대에 들어서면서 반가 요리에서 복잡한 조리 과정을 배척하고 간편한 조리를 선호하면서 서양 요리를 추가하는 책이 많아졌으나, 우직하게 전통을 고수하며 1939년 〈조선 요리법〉을 발간해 전통 반가의 음식을 기록한 근대적 조리서라 평가받고 있다. 1953년에는 국내 최초의 전통 병과점인 '호원당'을 설립했으며 지금도 후손들이 운영하고 있다.

강인희(1919~2001)는 공주사범대학교, 조치원여자고등학교 교장, 동아대학교 가정과 교수를 역임하며 후배 양성에 힘썼다. 반가 음식 분야의 이론과 실제를 겸비한 요리 전문가이며, 흥인군(이최응)의 맏며느리 김정규 여사, 윤 대비의 올케 조면순에게 사사했다. 퇴임 후 '강인희 전통음식연구소'(이후 '한국의 맛 연구회'로 개명)를 열어 반가 음식을 널리 보급했다.

강인희 이후 반가 음식을 잇는 인물로는 이말순이 있다. 대구 효성여자중학교 가정과 교사로 일하다 강인희의 조교로 전통 음식을 전수받기 시작했는데, 스승의 별세 이후 2001년부터 일반인을 대상으로 우리 반가 음식에 관한 수업을 진행했다. 2015년에 '한국전래음식연구회'를 설립해 지금껏 반가 음식을 전하고 있다. 오랜 세월 한결같이 사라져가는 반가 음식을 섬세하게 가르치고 올곧게 재현하는 동시에 음식에 대한 확고한 철학으로 전통 음식 전공자들의 문화적 자존감을 드높이고 있다. 질 좋은 식재료를 엄선해 한 치의 흔들림 없이 번거롭고 복잡한 조리 과정을 철저히 지키는 조리법에 따라 조리해 한국 전통 반가 음식의 본맛을 재현하며 전통을 잇고 있다.

이러한 전문적인 한식 연구자 외에도 현재 조선시대 반가 음식은 각 종갓집에서 대를 이어 전승하는 종가 음식과 고조리서를 보유한 가문의 음식이 꾸준히 연구, 전래되고 있다.

반가의 종가에서 1년에 수십 차례에 이르는 제사를 비롯해 다양한 행사를 치르며 발달한 종가 음식은 단순히 음식 문화에 그치지 않았다. 지역 공동체 구성원과 함께 음식을 만들고 나누어 먹으며 아낌없이 나누는 정(情) 문화가 형성되었고, 이는 우리 민족의 큰 뿌리를 이룬다고 해도 과언이 아니다. 조선시대 반가 음식은 궁중 음식, 종가 음식, 향토 음식, 시절식, 통과의례 음식 등 모든 음식에 영향을 미쳤다.

조선시대 여성이 쓴 고조리서는 대부분 반가에서 기록한 내용으로 풍부한 음식 문화가 녹아 있다. 그러므로 비단 우리 후손들이 누리는 것을 넘어 한국의 음식 문화를 빛낼 수 있도록 영구 보존해야 할 책이다. 다행히 지금까지 문화유산으로 잘 계승되어 〈반찬등속〉이 충청북도 유형문화유산으로, 〈수운잡방〉은 국가유산 보물로 지정되는 등 그 가치를 인정받고 있다.

시대가 바뀌고 가족 구성이 대가족에서 핵가족, 일인가족으로까지 줄어들면서 반가 음식을 생활화할 수 있는 환경에서는 점점 멀어져가고 있다. 하지만 2013년에 출간된 〈진주허씨 묵동댁 내림음식〉은 김해 허씨 집성촌인 진주 승산 마을에 500년 전 터를 잡고 살아온 친인척끼리 종가 내림 음식을 보존하기 위해 만든 책이다. 이 책은 현대에 편찬한 조리서로서 대물림한 진주 지역 전통 음식 문화의 흔적을 고스란히 살려 식재료 본래의 맛을 중시하며, 고기와 생선, 산채가 골고루 섞인 균형 잡힌 밥상을 보여준다. 그리고 이를 통해 음식을 약으로 생각하고, 집장을 중요시하는 반가 음식의 특징과 함께 가문의 품격을 전하고 있다. 이 책에 나오는 민어찜은 반가 음식 전문점에서 메뉴로 선보이는 등 실용화되고 있다.

〈한국전래음식〉에 실린 반가 음식

마지막으로, 이 책 〈한국전래음식〉에는 131품의 음식이 기록되어 있는데, 반가 음식의 특징인 제철 재료의 사용, 저장성이 뛰어난 발효 음식, 영양가 높은 건강식이라는 점이 특징이다. 또한 검소하면서도 정교한 조리법에 따라 과하지 않은 양념으로 재료 본연의 맛을 살려 만든 음식들이다. 반가운 마음으로 이 책에 실린 대표적인 반가 음식 몇 가지를 소개하고자 한다.

어알탕은 민어나 도미 같은 흰살생선의 살을 다져 양념해 완자를 빚어 넣고 끓인 맑은 국인데, 밥을 먹기 위한 반상(飯床)용 국보다는 교자상이나 주안상에 어울리는 국으로 수리취떡, 제호탕, 준치만두와 함께 먹는 단오 시절식이다.

호박문주에서 문주는 호박 가장자리의 틀을 말한다. 주먹만 한 애호박의 꼭지 쪽을 도려내고 속은 대강 긁어내어 틀을 만든 후 그 속에 채 썬 쇠고기, 표고, 석이 등을 양념해 넣어 다시 꼭지를 맞추어 통에 찐 뒤 초간장을 곁들여 내는 음식이다. 찔 때 국물을 좀 있게 냄비에 지져 술안주로 쓴다고 〈시의전서〉에 기록되어 있다.

배피떡은 개성 지방의 향토 떡으로 찐 찹쌀을 쳐서 밥알이 씹히는 떡으로 녹두소가 들어가 배시루떡이라고도 한다. 황해도에서 주로 먹던 오쟁이떡과 유사하나 오쟁이떡에는 붉은 팥소를 넣는 것이 다르다.

곤떡은 두 종류가 있는데, 이 책에서는 충청도 지방의 곤떡을 소개했다. 찹쌀가루를 익반죽해 지치를 끓는 기름에 넣어 색을 추출한 붉은 기름에 지진 떡이다. 이 책에서 소개하지 않은 곤떡은 제주도식 송편을 가리키며 완두콩을 소로 넣었다. 귀한 쌀로 만든 고운 떡이라, 곤떡이라 불렀다.

수계탕은 〈조선 요리법〉에 나온 음식인데, 궁중에서는 궁중닭찜으로 표기한다. 어린 닭의 삶아 살을 분리해 잘게 뜯어 전처리한 전복, 버섯, 갖은 채소들을 달걀물에 섞어 한 입 크기로 빚어 익혀 닭 육수에 넣어 먹는 음식이다.

마무리 지으면서

현대에 들어 반가 음식은 단순한 전통 음식을 넘어 한국인의 정체성을 나타내는 중요한 문화유산으로 재조명되고 있으며, 반가 음식에서 강조되는 건강에 이로운 재료 사용, 발효 음식의 중요성, 자연과의 조화를 중시하는 철학은 현대의 웰빙 트렌드와 완벽히 부합한다. 고유한 전통을 유지해 온 반가 음식은 그 속에 담긴 철학과 가치가 현대사회에서도 중요한 의미를 갖는다. 이에 걸맞게 전통 음식을 계승하는 여러 문화 프로그램이 활성화되고 있으며, 한국 전통 음식을 세계에 알리기 위한 다양한 노력이 이루어지고 있다.

대가족에서 다양한 형태의 핵가족으로 가족 구성원이 바뀌는 동안 식생활도 구조적으로 큰 변화가 생긴 만큼 반가 음식 또한 현대인의 입맛과 라이프스타일에 맞춘 변형이 필요하며 더 많은 사람에게 친숙하게 다가갈 필요가 있다. 반가 음식을 보존하고 발전시키기 위해서는 전통 음식을 배우고 전수할 수 있는 교육 프로그램이 중요하며 젊은 세대가 전통 음식에 관심을 갖고 잘 이해하도록 조리법을 가르치는 강좌나 체험 프로그램을 확대할 필요가 있다. 그래야만 전통 음식이 앞으로도 세대를 넘어 계승될 수 있다는 점을 결코 잊어서는 안 된다.

반가 음식이 현대인의 삶에 걸맞게 대중화, 전문화, 상품화를 거쳐 우리의 문화적 가치를 높이는 음식이 되길 바라며, 더욱더 빛나는 한국의 전통성과 현대성을 동시에 지닌 음식 문화로 세계적으로 주목받는 밑거름이 되길 바란다.

주식

밥 이야기를 시작합니다.

밥은 생명입니다

<동의보감>에 이르기를 "하늘과 땅 사이에서 사람의 생명을 유지하게 하는 것은
곡식"이라 했습니다. 곡식은 흙의 덕을 받아 치우치는 성질이 없고 맛이 심심하지만
답니다. 우리는 곡식 중에서도 다른 식재료의 향미를 잘 아우르는 쌀로 지은 밥을
중심으로, 장으로 맛을 낸 반찬을 더해 풍성한 밥상을 차립니다. 무엇보다 우리는
밥심으로 삽니다.

밥은 배려입니다

우리는 "진지 드셨습니까", "밥 먹었니?"라는 인사를 나눕니다. 상대의 건강이나 형편이
좋지 않아 보이면 "밥은 먹고 다니니?"라며 간접적으로 걱정하는 마음을 전합니다.
단순히 밥에 집중하는 것이 아니라, 밥이라는 단어에 상대에 대한 관심과 걱정, 애정을 담아
전달하고 경제적 상황과 건강 상태까지 확인합니다. 만약 누군가의 관심이 필요하면
"요즘, 밥을 잘 못 먹어요"라고 대답해 보세요. 그 말을 들은 사람은 아마 당신을 위해 밥을
사거나 식재료를 주문하고, 당신을 걱정하기 시작할 것입니다.

밥은 존중이고 사랑입니다

우리에게 따뜻한 밥은 존중이고 사랑입니다. 한국인이라면 추운 겨울 따뜻한 밥을
한 술 뜨고 입안 가득 퍼지는 온기를 느끼며 행복감을 만끽한 경험이 한두 번은 있을
겁니다. 나이 많은 어르신들은 어머니가 아랫목 이불 밑에 묻어둔 따뜻한 밥공기에
대한 기억을 갖고 있을 테고요. 귀한 손님이 오면 밥상부터 내오며 갓 지은 따끈따끈한
밥을 대접했습니다. 누군가 당신에게 따뜻한 밥을 대접한다면 그것은 당신이 존중받고
사랑받는다는 의미입니다.

장국밥

쇠고기장국에 밥을 말아 만든 서울의 일품요리로 한자로는 탕반(湯飯)이라 쓰는데, 특히 무교동 일대에 전문 탕반집이 많아 무교탕반이라 불렸다. 언론인 이규태는 칼럼에 무교동 탕반집은 조선시대 헌종(조선 24대 왕, 재위 1834~1849)도 사복 차림을 하고 몰래 와서 먹을 정도로 인기 있었다고 썼다. 수표교 건너편 탕반집은 조정 대신들이 단골이었고, 백목(현재 종로구 서린동)은 돈 많은 상인이나 한량들이 많이 찾았다고 한다. 장국밥은 〈시의전서〉〈규곤요람〉 등에 나오며, 조선시대 궁중 의궤에 국가 행사가 있을 때 군인이나 악공, 여령(조선시대 국가 연회에서 춤추고 노래하는 여자)들이 먹었다는 기록이 있다.

멥쌀 3컵
양지머리 400g
도가니 1개
당면 100g
무 500g

고기 양념
집간장 1큰술
소금 1/2작은술
다진파 2큰술
다진마늘 2큰술
참기름 1큰술
후춧가루 조금

국물 양념
집간장 1큰술
소금 조금
후춧가루 조금

장국밥 고명
대파(흰 부분) 1대
깨소금 조금
후춧가루 조금
고춧가루 조금

기타
(고기 삶을 때)
양파 1/4개
생강편 2~3쪽
마늘 2쪽
대파(흰 부분) 1대

1 밥하기
쌀을 깨끗하게 씻어 밥을 짓는다.

2 양지머리와 도가니 삶기
① 양지머리와 도가니는 찬물에 담가 핏물을 뺀다.
② 냄비에 양지머리와 도가니를 넣고 고기가 잠길 정도로 물을 부은 뒤 양파와 마늘, 생강, 대파를 같이 넣고 삶는다.
③ 양지머리와 도가니가 반 정도 무르면 무를 도막 내어 넣는다.
④ 무와 양지머리가 무르면 먼저 건져낸다. 도가니는 무를 때까지 삶는다.

3 고기와 국물 양념하기
① 푹 삶은 양지머리를 도톰하게 썬 뒤 고기 양념을 반만 넣어 부서지지 않게 살살 무친다.
② 삶은 무는 나붓나붓하게 나박썰기를 해 나머지 고기 양념을 넣고 살살 무친다.
③ 고기 국물은 기름기를 깨끗하게 걷어내고 집간장과 소금, 후춧가루로 간을 약하게 맞춘다.

4 당면 삶기
① 당면은 삶아 찬물에 헹군 후 체에 받쳐 물기를 뺀다.
② 6~7cm 길이로 자른다.

5 장국밥 담기
① 큰 대접에 당면을 깔고 그 위에 밥을 퍼 담는다.
② 밥 위에 고기와 무를 담는다.
③ 끓는 국물을 조금 부어 토렴한 뒤 다시 뜨거운 국물을 붓는다.
④ 대파를 흰 부분만 3mm 두께로 썰어 장국밥 위에 올리고 깨소금과 후춧가루, 고춧가루를 뿌린다.

도움말

· 고기로 끓인 탕으로는 설렁탕, 갈비탕, 곰탕, 육개장 네 가지가 있다. 장국밥의 탕은 대개 고기로 끓인다.
· 고기를 삶을 때 처음에는 뚜껑을 열어 잡냄새가 날아가도록 끓이다가, 끓으면 뚜껑을 덮고 불을 줄인다.
· 당면 대신 메밀국수를 넣기도 한다.

비빔밥

비빔밥은 옛날에는 골동반(骨董飯)이라고 불렸다. 지역에 따라 주재료가 다른데, 지역명을 앞세워 진주비빔밥, 전주비빔밥, 통영비빔밥, 안동헛제사밥, 강원도산채비빔밥, 거제멍게비빔밥, 제주지름밥이라 부른다. 북쪽 지방에서는 해주비빔밥, 평양비빔밥, 함경도닭비빔밥 등이 전해 내려온다. 계절에 따라서도 재료가 달라지는데, 무가 맛있는 가을과 겨울에는 무나물을 넣는다. 재료의 어우러짐이 중요하므로 특이한 향이 있는 재료는 쓰지 않는다.

밥 5컵
쇠고기 200g
달걀 2개
애호박 200g
도라지 200g
삶은 고사리 200g
미나리 200g
배 200g
느타리버섯 100g
표고버섯 30g
다시마 10g
식용유 1컵

고기 양념
집간장 2큰술
설탕 1/2큰술
다진파 1작은술
다진마늘 1작은술
생강즙 1작은술
참기름 2작은술
깨소금 1작은술
배즙 1큰술
후춧가루 조금

채소 양념
집간장 1큰술
다진파 1큰술
다진마늘 1큰술
참기름 1큰술
깨소금 1/2큰술

1 쇠고기 고명 준비하기

① 쇠고기 양념을 만든다.

② 쇠고기 150g은 4~5cm로 잘라 고깃결대로 채 썰어 핏물을 닦아내고 고기 양념 분량의 3/4을 넣어 잘 섞는다.

③ 약불에서 쇠고기채가 서로 붙지 않도록 젓가락으로 하나하나 떼면서 볶는다.

2 알쌈 만들기

① 쇠고기 50g은 곱게 다져 핏물을 닦아내고 남은 고기 양념을 넣어 점성이 생길 때까지 치댄다.

② 양념한 쇠고기를 작은 콩알 크기만큼 떼어 타원형으로 빚은 뒤 팬에 지져 소를 만든다.

③ 달걀은 노른자와 흰자를 분리해 각각 소금과 후춧가루를 넣고 잘 풀어놓는다.

④ 팬에 풀어놓은 노른자를 한 숟가락씩 떠서 타원형으로 놓는다. 익으면 알쌈 소를 올린 후 달걀을 반으로 접어 반달 모양으로 만든다.

⑤ 흰자도 같은 방법으로 반달 모양으로 알쌈을 만든다.

3 채소 양념 만들기

집간장과 파, 마늘, 참기름, 깨소금을 섞어 채소 양념을 만든다. 간장을 맨 마지막에 넣고 섞는 것이 좋다.

4 버섯 준비하기

① 표고버섯은 물에 불려 기둥을 떼어내고 갓이 두꺼우면 3~4장으로 얇게 포를 뜬 다음 곱게 채 썰어 볶는다. 볶는 도중에 양념을 넣는다.

② 느타리버섯은 소금물에 살짝 데쳐 찬물에 헹궈 물기를 짠 다음 곱게 찢는다. 팬에 볶으면서 양념한다.

기타

(알쌈 달걀물) 소금

후춧가루

(채소 전처리용) 소금

(도라지와 고사리 볶을 때)

양지머리 육수 6~8큰술

(도라지 삶을 때) 소금물

(고사리 볶을 때) 깨

(미나리 볶을 때) 소금

(다시마 튀길 때) 설탕

5   채소 고명 준비하기

① 애호박은 4~5cm로 잘라 껍질부분만 돌려 깎아 곱게 채 썰어 소금에 절인다. 숨이 죽으면 꼭 짜서 기름을 넣고 볶는다. 볶으면서 양념한다.

② 도라지는 껍질을 벗겨 소금물에 살짝 삶은 후 찬물에 담가 아린 맛을 뺀다. 4~5cm 길이로 자른 다음 곱게 채 썰어 볶으면서 양념한다. 볶는 도중에 양지머리 육수 3~4큰술을 넣고 뚜껑을 잠깐 닫아 약불에서 김이 오를 때까지 익히면 연해진다.

③ 삶은 고사리는 억센 부분을 잘라내고, 4~5cm 길이로 썰어 갖은 양념을 해서 볶는다. 볶는 중간에 양지머리 육수를 3~4큰술 넣고 뚜껑을 닫아 약불에서 김이 오를 때까지 익히면 더 부드러워진다. 마지막으로 깨를 조금 더 넣는다.

④ 미나리는 씻은 다음 잎을 떼어내고 줄기만 4~5cm 길이로 썰어 달군 팬에 소금을 조금 넣고 센 불로 파랗게 볶는다. 볶으면서 양념한다.

⑤ 배는 껍질을 벗겨 씨 부분을 도려낸 다음 4~5cm 길이로 곱게 채 썬다.

6   다시마 튀기기

① 다시마는 젖은 행주로 살짝 닦아 5cm 길이로 자른 다음 2mm 굵기로 채 썬다.

② 다시마채를 8개씩 모아 다른 다시마채로 가운데를 묶는다.

③ 기름에 튀겨 설탕을 살짝 뿌린다.

7   비빔밥 그릇에 담기

① 그릇에 밥을 담고, 그 위에 준비한 재료를 색이 돋보이도록 돌려 담는다.

② 알쌈과 튀각은 가운데로 모아 올린다.

도움말

· 쇠고기를 볶을 때 물기가 있으면 잘 떨어지므로 배즙을 넉넉히 넣고 양념하면 좋다.

· 다시마는 물기 있는 행주로 닦아 부드러워진 다음에 썰어야 부스러지지 않는다. 물에 담가 씻지 않는다.

· 도라지는 깨끗이 씻어 단단한 머리 부분을 잘라내고 몸통을 길게 반으로 갈라 옆으로 돌리면서 껍질을 까면 손질하기 쉽다.

· 상에 낼 때는 맑은장국을 곁들이고, 기호에 따라 볶은 약고추장을 곁들인다.

· 비빔밥은 먹을 때 젓가락으로 섞어야 밥알이 으깨지지 않고 나물과 골고루 비벼진다.

약고추장

비빔밥이나 쌈을 먹을 때 곁들이는 고추장으로, 〈시의전서〉에는 약고추장, 〈조선무쌍신식요리제법〉에는 볶은고추장(숙고추장)으로 나온다. 〈조선무쌍신식요리제법〉에서 이용기는 "이것도 볶을 줄 모르면 남에게 흉잡히기 쉽다"며, 맵지 않은 것보다는 대체적으로 매운 것이 좋고 곱고 되게 만든 것이 제일 좋고 기름을 많이 넣고 하루 종일 볶아 뜸을 들여야 빛이 검다고 했다.

고추장 2컵
쇠고기 100g
꿀 1/4컵
설탕 2큰술
배즙 1컵
참기름 1/4컵

고기 양념
집간장 1작은술
설탕 1작은술
다진파 1작은술
다진마늘 1작은술
생강즙 1작은술
참기름 2작은술
깨소금 1작은술
후춧가루 조금

고명
잣 1작은술

1   쇠고기 양념하기
쇠고기는 기름을 떼어내고 곱게 다져 핏물을 닦고 양념한다.

2   고추장 볶기
① 바닥이 두꺼운 냄비에 양념한 쇠고기와 배즙을 넣고 약불에서 볶는다.
   이때 밑이 평평한 국자로 고기가 덩어리지지 않게 문지르며 볶는다.
② 고기가 곱게 잘 풀어지면 고추장을 넣고 검은빛이 돌 때까지 약불에서
   2~3시간 볶는다.
③ 고기에서 검은빛이 돌면 설탕을 넣고 국자로 계속 문지르면서
   약불에서 30~40분간 더 볶는다.
④ 꿀을 넣고 약불에서 다시 20분 정도 더 볶는다.
⑤ 참기름을 넣고 참기름이 잘 섞여 겉돌지 않을 때까지 약불에서 볶는다.
⑥ 상에 낼 때는 종지에 담고 위에 잣을 얹는다.

도움말

· 냄비 가장자리에 붙은 고추장을 깨끗이 긁어 모으면서 볶는다.

오곡밥

오곡밥은 정월대보름의 절식으로 옛날에는 넉넉히 해서 이웃끼리 서로 나누어 먹었다. 오곡밥이라고
반드시 다섯 가지 곡식으로 지을 필요는 없으므로 취향에 따라 좋아하는 곡식을 넣는다.

찹쌀 4컵
검은콩 1컵
팥 1컵
찰수수 1컵
차조 1컵

소금물
소금 1큰술
물 2컵

1 곡류 씻어 불리기

① 찹쌀은 깨끗이 씻어 물에 불려 체에 밭쳐 물기를 뺀다.

② 차조는 미지근한 물로 여러 번 씻어 떫은맛을 제거하고 찬물에 담가
4~6시간 불린 후 체에 밭쳐 물기를 뺀다.

③ 찰수수는 미지근한 물로 여러 번 씻어 붉은 물을 우려내고 찬물에
담가 하룻밤 불린 후 체에 밭쳐 물기를 뺀다.

2 팥과 검은콩 준비하기

① 팥은 씻어 찬물에서 삶는다. 우르르 끓으면 그 물은 버리고 다시
찬물을 3컵 정도 붓고 터지지 않게 삶다가 익으면 건진다.

② 검은콩은 씻어 물에 담가 8시간가량 불린다. 불리는 대신 삶아서
넣어도 된다.

3 오곡밥 찌기

① 찜기에 베 보자기를 간다.

② 알이 굵은 콩을 먼저 깔고 팥, 찹쌀, 찰수수, 차조 순으로 한 켜씩 깐다.
많은 양을 지을 때는 분량과 찜통의 크기에 따라 2~3회 분량으로
나누어 두세 켜 까는 것이 좋다.

③ 뚜껑을 닫고 센불로 끓인다. 된김이 올라오면 삼삼한 소금물을
조금 뿌리고 아래위를 뒤집는다. 이 과정을 소금 간과 찹쌀이 익어
부드러워지는 정도를 확인하면서 2~3회 반복한다.

④ 다 쪄지면 큰 그릇에 옮겨 주걱으로 고루 섞는다.

도움말

· 검은콩은 미리 불려 냉동해 놓았다가 삶으면 빨리 익는다.
· 김이 위로 잘 올라오게 하기 위해 알이 굵은 곡류를 아래쪽에 깐다.
· 오곡밥은 밥솥에 할 수도 있다. 찔 때와 같은 방법으로 오곡을 준비하고, 팥 삶은 물을 별도로 받아두었다가
밥물에 섞어 붓고 소금을 조금 넣는다. 멥쌀로 밥을 할 때보다 밥물은 적게 붓는다.

콩죽

양질의 단백질을 풍부하게 함유해 더운 여름철 기력 회복에 특히 효과적이다. 〈한국의 맛〉에서 강인희는
봄철에는 콩죽이 거의 다 끓었을 때 어린 쑥을 조금 넣으면 향기와 영양가가 더 좋아진다고 했다.

쌀 1½컵
흰콩 1½컵
소금 2작은술
물 15컵

1 콩물 준비하기

① 흰콩은 씻어 물에 5~6시간 불린다.

② 흰콩이 잠길 정도로 물을 붓고 뚜껑을 덮어 중불에서 살짝 삶는다.

③ 삶은 콩을 건져 식으면 손으로 비벼 껍질을 벗긴 후 맑은 물에 헹군다.

④ 껍질 벗긴 콩을 분쇄기에 넣고 물을 조금 부어 곱게 간 다음 중간체에
거른다. 물은 분량의 물에서 덜어 쓴다.

2 콩죽 쑤기

① 쌀을 씻어 밥을 짓듯이 냄비에 안쳐 나머지 물을 붓고 중불에서
끓인다.

② 쌀이 우르르 끓으면 콩물을 붓고 주걱으로 저으면서 약불로 줄여 계속
끓인다.

③ 죽이 다 되면 불에서 내려 한 김 식히고 먹을 때 소금으로 간을 맞춘다.

도움말

· 콩을 덜 삶으면 비린내가 나고, 지나치게 삶으면 텁텁한 맛이 난다.
· 생땅콩 스무 알 정도를 불려 흰콩과 같이 갈아 콩죽을 만들면 더 고소해진다.
· 콩죽이 뜨거울 때 소금을 넣으면 두부처럼 엉기므로 주의한다.
· 콩 간 것을 체에 내리고 남은 콩 건지는 채소와 섞어 전을 부치면 좋다.
· 상에 낼 때는 물김치를 곁들인다.

팥
죽

동짓날 먹는 절식으로, 옛날에는 팥의 붉은색이 귀신을 쫓는다고 믿어 집 안 구석구석에 팥죽을 뿌리는 풍습이 있었다. 팥죽을 먹고 나서 찬물을 세 모금 정도 마시면 생목이 오르지 않는다. 새알심은 가족의 나이를 합한 수만큼 넣는다.

붉은팥 3컵
대추 10개
불린 멥쌀 1½컵
물 30컵
소금 1큰술

새알심
찹쌀가루 1½컵
생강즙 1작은술
소금 1작은술

1   **팥물 준비하기**

① 붉은팥을 씻어 일어서 돌과 잡물을 제거한다.

② 냄비에 팥을 넣고 물을 넉넉히 부어 센불로 끓이다가 우르르 끓어오르면 그 물을 버린다.

③ 팥에 찬물을 붓고 팥알이 터질 때까지 오래 푹 삶는다. 이때 대추도 같이 삶는다.

④ 팥이 다 삶아지면 삶은 물은 따로 받아둔다.

⑤ 삶은 팥과 대추를 으깨면서 굵은체에 내린다. 팥 삶은 물을 조금씩 부어가며 주물러 내리면 쉽다.

⑥ 팥 껍질만 남을 때까지 팥 삶은 물을 두세 차례 붓고 주물러 내린다. 체에 걸러진 껍질과 대추씨는 버린다.

⑦ 내린 팥물은 그대로 앙금을 가라앉힌다.

2   **새알심 만들기**

① 찹쌀가루에 생강즙을 고루 섞는다.

② 찹쌀가루에 팥물의 웃물을 넣어 익반죽한다. 말랑할 때까지 잘 치댄다.

③ 조금씩 떼어 꼭꼭 주물러 동그랗게 새알심을 빚는다.

3   **팥죽 끓이기**

① 바닥이 두꺼운 냄비에 가라앉힌 팥물의 웃물만 가만히 따라 부어 약불로 오래 끓인다.

② 팥물의 빛깔이 진하고 고와지면 가라앉힌 앙금을 넣고 주걱으로 바닥을 긁듯이 저으며 계속 끓인다.

③ 펄펄 끓으면 불린 멥쌀을 넣고 눋지 않도록 주걱으로 계속 저으며 끓인다.

4   **새알심 넣기**

① 쌀알이 익어 팥죽과 잘 어우러지면 새알심을 넣고 끓인다.

② 새알심이 떠오르고 죽이 짙은 팥색을 띠면 불에서 내려 소금으로 간을 맞춘다.

도움말

· 팥을 삶을 때 팥이 다 익고 난 다음에 저으면 팥알이 터져 밑바닥에 눌어붙는다. 이때는 젓지 말고 불의 세기를
  조절하는데, 약불에서 서서히 익히는 것이 좋다.
· 묵은 팥은 물을 많이 넣고 삶는다.
· 팥죽의 농도가 될 때에는 새알심을 따로 삶아 익혀서 죽에 넣는다.
· 새알심 대신 인절미를 썰어 넣기도 한다.
· 팥물을 뭉근한 불에 오래 끓여야 죽의 빛깔이 곱다.
· 팥죽에 설탕을 넣어도 된다. 상에 올릴 때는 물김치를 곁들인다.

맑은장국죽

쇠고기맑은장국에 쌀을 넣어 끓인 죽으로, 영양이 풍부해 회복기 환자의 음식이나 아기 이유식으로 좋다.
궁중에서 죽 수라상에 올린 음식이며, 서울과 경기 지역에서 많이 먹었다. 〈증보산림경제〉에는 우육죽,
〈시의전서〉에는 장국죽으로 나온다.

불린 쌀 1½컵
표고버섯 10g
참기름 1큰술

육수
양지머리 600g
물 10컵
양파 1/2개
대파(흰 부분) 1대
생강편 3~4쪽
마늘 4쪽

장국 양념
집간장 1작은술
소금 조금
후춧가루 조금
다진파 2작은술
다진마늘 1작은술

1 양지머리 육수 끓이기
① 양지머리를 찬물에 담가 핏물을 뺀다. 냄비에 고기가 다 잠길 정도의
물을 붓고 끓인다. 물이 끓으면 고기와 양파, 대파, 생강편, 마늘을 넣고
끓인다. 처음에는 뚜껑을 열고 끓이다가 끓기 시작하면 뚜껑을 닫아서
푹 곤다.
② 육수를 식혀 기름을 걷어낸다.

2 표고버섯 채 썰기
① 표고버섯은 불려 기둥을 떼어내고 갓이 두꺼우면 3~4장으로
포를 뜨듯이 얇게 저민다.
② 2~3cm 길이로 곱게 채 썬다.

3 장국 국물 만들기
양지머리 육수 6컵에 집간장과 소금으로 간을 하고 후춧가루를 넣어
장국을 만든다.

4 맑은장국죽 끓이기
① 바닥이 두꺼운 냄비에 참기름을 두르고 불린 쌀과 표고버섯채를 넣어
약불에서 볶는다.
② 쌀알이 말갛게 변하면 장국을 붓고 약불에서 끓인다.
③ 끓으면 다진 파와 마늘을 넣고 집간장으로 다시 간을 맞춘다.

도움말

· 고기에 생강, 마늘, 양파를 넣고 끓일 때 소금을 소량 넣으면 국물이 더 잘 우러난다. 양파는 육수를 뿌옇게
만들므로 맑은 육수를 원하면 넣지 않는다.
· 집간장은 원하는 색을 내는 정도로만 넣고 소금으로 간을 한다.
· 이 외에도 맑은장국죽을 끓이는 방법은 여러 가지가 있다.
① 양지머리 육수를 내지 않고 양지머리를 얄팍하게 썰거나 다져 양념해 볶다가 물을 붓고 끓여 죽을 쑬 수도
있다. 다만 이 방법으로 끓이면 국물이 맑지 않다.
② 불린 쌀과 표고버섯채를 따로 볶아서 양지머리 육수에 넣어 끓인다. 이 방법으로 끓이면 국물이 깨끗하고
맛도 깔끔하다.
③ 불린 쌀과 표고버섯채, 다진마늘과 다진파를 같이 참기름에 볶아 양지머리 육수를 붓고 끓일 수도 있다.
이 방법으로 끓일 때 역시 국물이 맑지 않다.

홍합죽

담채죽(淡菜粥)이라고도 한다. 홍합(紅蛤)이라는 이름은 살이 붉어 붙었는데, 이 외에도 바다 생물 중 유일하게 싱거워 담채(淡菜), 바다에 살아 해폐(海蚌)라고 불렸다. 경상도에서는 담치(담채가 변한 것), 중국에서는 동해부인(東海夫人, 홍합을 많이 먹으면 살결이 예뻐진다는 데에서 유래)이라고도 부른다. 이 책에서는 전통 방식대로 건홍합을 썼는데, 건홍합의 상태가 좋지 않으면 생홍합을 써도 괜찮다. 〈임원경제지〉에서는 건홍합을 절구에 빻아 가루를 내어 멥쌀에 넣어 죽을 썼다.

건홍합 1컵
불린 쌀 1컵
물 6컵
청장 1작은술

홍합 양념
청장 1작은술
다진파 1작은술
다진마늘 1작은술
참기름 1큰술
깨 1큰술

1 **홍합 손질하기**
① 건홍합을 물에 불려 수염을 자르고 안쪽의 얇은 막을 떼어내 깨끗하게 다듬는다.
② 손질한 홍합을 잘게 다져 양념한다.
③ 마른 팬에 넣고 약불에서 살짝 볶는다.

2 **홍합죽 쑤기**
① 볶은 홍합에 3~4컵의 찬물을 조금씩 나누어 넣으면서 맛이 우러날 때까지 약불로 끓인다.
② 불린 쌀을 넣고 약불로 끓이면서 남은 물을 여러 번에 나누어 붓는다.
③ 다 끓으면 청장으로 간을 맞춘다.

도움말

· 기호에 따라 국물에 양지머리 육수나 조개 육수를 섞어도 좋다.
· 어패류로 죽을 끓일 때는 어패류를 볶고 나서 물을 부어 끓인다. 그래야 비린내가 나지 않는다.
· 홍합죽으로 죽 상을 차릴 때는 장산적이나 북어무침, 매듭자반을 곁들인다.

무죽

〈임원경제지〉에 나복죽(蘿蔔粥)이라 소개되었는데, 우리나라 전역에서 다양한 방법으로 쑤어 먹었다.
무는 해독 효과가 있어 회복기 환자에게 좋다.

불린 쌀 2컵
무 600g
생강 18g
들기름 2큰술
물 10컵
소금 2작은술

1 무 준비하기

① 무는 깨끗이 씻어 껍질을 긁어 벗긴 뒤 3~4cm 길이로 자른다.

② 자른 무를 결대로 곱게 채 썬다.

2 생강 채 썰기

① 생강은 먼저 씻어 흙을 제거하고 껍질을 긁어 벗긴 뒤 다시 깨끗이
씻는다.

② 곱게 채 썬다.

3 무죽 쑤기

① 바닥이 두꺼운 냄비가 달궈지면 들기름을 두르고 무채와 생강채를 넣어
센불에서 볶는다.

② 무가 투명해지면 불린 쌀을 넣고 볶는다.

③ 쌀알이 투명해지기 시작하면 물을 붓고 끓인다.

④ 팔팔 끓으면 중약불로 줄여 뚜껑을 닫고 쌀이 푹 퍼지도록 익힌다.

⑤ 상에 소금을 같이 올려 먹을 때 간을 한다.

도움말

· 쌀이 익기 시작하면 전분질이 호화되면서 투명해진다.

· 무는 결을 따라 채 썰면 볶거나 끓여도 잘 부서지지 않는다.

· 소금을 처음부터 넣으면 죽이 삭는다.

연근응이

우리나라는 전통적으로 죽이 발달해서 훌훌 마시기 좋은 죽 종류만 해도 미음과 응이, 암죽, 즙 네 종류가 있다. 미음은 재료의 껍질만 남도록 푹 고아 거른 죽이며, 응이는 앙금만 말려두었다가 다시 물에 개어 쑨 죽이다. 암죽은 노인이나 어린이, 환자를 위한 묽은 죽이며, 즙은 소의 양이나 고기를 잘게 다져 중탕으로 끓이거나 볶아 국물만 짠 것을 말한다. 연근응이는 〈규합총서〉에는 우분죽(藕粉粥)으로 나오는데 이 죽을 먹으면 '연년불로(延年不老)', 즉 나이를 먹어도 늙지 않는다고 했다.

연근 200g
(연근 전분 1½큰술)
물 1컵

1 연근 전분 만들기

① 연근은 크고 싱싱한 것을 골라 깨끗이 씻어 껍질을 벗기고 강판에 곱게 간다.

② 면 주머니를 넣어 손으로 주물러 짤 수 있을 정도의 큰 그릇을 준비해 그 안에 면 주머니를 올린다.

③ 연근 간 것을 체에 걸러 고운 면 주머니에 넣고 주머니 안에 물을 부은 뒤 바락바락 주물러 꼭 짜서 그 물을 모은다.

④ 위의 과정을 3~4회 반복해 받은 물을 다른 그릇에 한데 모아 그대로 두어 가라앉힌다.

⑤ 전분이 가라앉으면 웃물을 따라 버리고 다시 깨끗한 물을 부어 휘저어 섞은 다음 그대로 두어 가라앉힌다. 전분이 가라앉으면 웃물을 버리고 새 물을 다시 부어 전분을 가라앉히는 과정을 2~3일간 반복한다.

⑥ 전분이 가라앉으면 웃물을 따라 버리고 전분만 떠서 한지에 올려 말린다.

2 연근응이 끓이기

① 연근 전분 1½큰술을 고운체에 내려 물을 조금 붓고 개어놓는다.

② 바닥이 두꺼운 냄비에 물 1컵을 끓인다. 끓으면 약불로 줄인 후 불려놓은 연근 전분을 조금씩 부어가며 끓인다. 반드시 저어가며 끓여야 한다.

③ 응이가 말갛고 투명해지면 불을 끄고 잠깐 뜸을 들인다.

도움말

· 연근응이를 내는 상에는 꿀이나 설탕을 곁들인다.
· 봄에 나는 연근에서 전분이 많이 만들어진다. 평균적으로 연근 200g에서 전분 25g 정도 나온다.
· 보관했다가 쓸 때는 굳은 연근 전분을 부수어 고운체에 내린다.
· 면 주머니는 올이 고와야 전분질만 빼낼 수 있다.

어죽

생선 육수에 쌀을 넣어 끓인 죽으로, 생선죽이라고도 부른다. 가까운 바다나 강, 개천에서 잡을 수 있는
다양한 생선으로 만들기 때문에 지역마다 재료와 만드는 방법이 달라 각 지방의 고유한 음식으로 발전했다.
여기에서 소개하는 어죽은 도미로 만들었는데, 같은 흰살생선인 민어나 광어로 대신해도 괜찮다. 지방에 따라
생선 육수에 멸치와 다시마 육수나 조개 삶은 물을 섞기도 한다.

도미 3kg
불린 쌀 1컵
참기름 1큰술
양지머리 육수 4~5컵

도미 살 양념
집간장 1작은술
다진파 1작은술
다진마늘 1/2작은술
생강즙 1/2작은술
참기름 1작은술
후춧가루 1/4작은술

도미 육수
양파 100g
생강 40g
집간장 1작은술
소금 조금
후춧가루 조금

기타
(도미 밑간)
소금
생강즙
참기름
후춧가루

1 도미 살 준비하기

① 도미의 비늘을 긁어내고 내장을 제거해 깨끗이 손질한 다음 잘 씻어
물기를 닦는다.

② 머리를 잘라내고 몸통을 3~4도막으로 자른다.

③ 도미 도막에 소금과 참기름, 후춧가루, 생강즙을 살짝 발라 밑간을
한다.

④ 김이 오르는 찜기에 올려 찐다.

⑤ 다 쪄지면 불에서 내려 도미 살을 잘 바른다.

⑥ 발라낸 도미 살을 양념해 골고루 섞는다.

2 도미 육수 만들기

① 살을 발라내고 남은 생선 껍질과 굵은 뼈, 가시를 모은다.

② 냄비에 물과 양파, 생강을 넣고 가열하다가 끓으면 도미 머리와 뼈를
넣어 푹 끓인다. 물은 재료가 모두 잠길 정도로 붓는다.

③ 다 끓으면 체에 밭쳐 육수를 받고 집간장과 소금, 후춧가루로 간을
한다.

3 어죽 쑤기

① 바닥이 두꺼운 냄비에 참기름을 조금 두르고 불린 쌀이 말갛게 될
때까지 중불로 볶는다.

② 생선 육수와 양지머리 육수를 부은 뒤 뚜껑을 닫고 중불에서 쌀이
익을 때까지 가끔씩 저어가며 끓인다.

③ 쌀이 다 익으면 양념한 도미 살을 넣어 고루 섞은 뒤 한소끔 끓인다.
오래 끓이지 않는다.

도움말

· 어죽을 오래 끓이면 생선 살이 퍼지고, 국물도 깔끔하지 않다.
· 사용한 찜기에 붙은 도미 살도 잘 씻어 부스러기까지 남김없이 도미 육수에 모아 넣고 다시 한소끔 끓인다.

은행죽

은행이 기력 회복을 도와 환자식으로 알맞다. 은행은 맛과 향이 뛰어나 고명이나 고임 음식의 장식으로 사용했다.

불린 쌀 1/2컵
은행 2컵
잣 1/2컵
시금치 6장
물 11컵
소금 1작은술

1 은행과 시금치 준비하기

① 은행을 물에 불려 속껍질을 벗기고 깨끗이 씻어 물기를 뺀다.

② 시금치는 잎 부분만 골라 깨끗이 씻어 물기를 뺀다.

③ 손질한 은행과 시금치 잎을 분쇄기에 넣고 물 4컵을 여러 번에 나누어 부으며 곱게 간다.

2 불린 쌀 갈기

① 불린 쌀에 물 2컵을 여러 번에 나누어 부으며 분쇄기로 곱게 간다.

② 쌀 간 것을 고운체에 내린다. 체에 걸린 쌀은 다시 갈아 체에 내린다.

3 잣 손질해 갈기

① 잣은 고깔을 떼고 물에 살짝 씻는다.

② 잣에 물 3컵을 나누어 넣으며 분쇄기로 곱게 간다.

4 은행죽 쑤기

① 바닥이 두꺼운 냄비에 잣 간 것을 넣고 끓이다가 쌀 간 것, 은행 간 것과 시금치 간 것을 넣고 계속 끓인다.

② 나머지 물 2컵을 나누어 넣으면서 각 재료가 잘 어우러지도록 약불로 끓인다.

③ 먹기 직전에 소금으로 간한다.

도움말

· 은행은 볶거나 삶아서 갈아도 된다. 볶을 때는 기름을 두르지 않은 마른 팬에 중불로 볶는다.

· 죽을 쑬 때 처음부터 소금을 넣으면 죽이 묽어지므로 먹기 직전에 넣는다.

밤
죽

율자죽(栗子粥) 또는 건율죽(乾栗粥)이라고도 부른다. 환자의 영양식이나 아이의 이유식으로 좋다.
〈증보산림경제〉에서는 쌀을 넣지 않고 황률이나 생밤으로만 죽을 쒀 꿀을 섞었고, 〈임원경제지〉에서는
멥쌀과 밤을 5:1의 비율로 넣어 죽을 쒔다.

밤 400g
불린 쌀 1/2컵
물 4컵
소금 1작은술

1   **밤 껍질 벗겨 갈기**
① 밤은 껍질과 보늬까지 깨끗이 벗겨 씻어 편으로 썬다.
② 분쇄기에 밤을 넣고 물 2컵을 나누어 부어 곱게 간다.
③ 밤 간 것을 베 보자기로 싼 다음 꼭 짜서 밤물을 받는다. 찌꺼기는
버린다.

2   **불린 쌀 갈기**
① 불린 쌀에 물 2컵을 여러 번에 나누어 부으며 분쇄기에 곱게 간다.
② 쌀 간 것을 고운체에 내린다. 체에 걸린 쌀은 다시 갈아 체에 내린다.

3   **밤죽 쑤기**
① 바닥이 두꺼운 냄비에 받아놓은 밤물을 붓고 나무 주걱으로 저으며
중불로 끓인다.
② 끓으면 쌀 간 것을 붓고 눋지 않게 나무 주걱으로 바닥을 긁듯이
저어가며 끓인다.
③ 다 끓으면 소금으로 간을 맞춘다.

도움말

· 밤 200g은 대략 2컵 분량이다.
· 밤의 보늬는 속껍질을 가리키는 순우리말이다.
· 밤죽 상에는 설탕이나 꿀을 종지에 담아 같이 낸다.

잣
죽

백자죽이라고도 한다. 조선시대 궁에서는 아침 식사 전에 올리는 식전 죽으로 잣죽을 최고로 쳤고,
반가에서는 집안 어르신의 조반상에 올렸다. 지금도 보양식이나 환자식, 또는 별식과 기호식으로 다양하게
즐긴다. 잣죽 상에는 동치미, 북어무침, 자반과 함께 설탕이나 꿀을 종지에 담아 같이 낸다. 쉬워 보이지만 잘
끓이기 어려운 죽이다.

불린 쌀 1컵
잣 1¼컵
물 8컵
소금 1/2작은술

1 잣즙 만들기

① 잣은 고깔을 떼고 씻어 물에 잠깐 담근다.

② 잣을 분쇄기에 넣고 물 4컵을 여러 번에 나누어 부으며 곱게 간다.

③ 그대로 두어 잣 앙금을 가라앉히고 웃물은 따로 받아놓는다.

2 쌀 갈기

① 불린 쌀에 물 4컵을 여러 번에 나누어 부으며 분쇄기로 곱게 간다.

② 쌀 간 것을 고운체에 내린다. 체에 걸린 쌀은 다시 갈아 체에 내린다.

③ 내린 쌀물은 그대로 두어 앙금을 가라앉히고 웃물은 따로 받아놓는다.

3 잣죽 쑤기

① 바닥이 두꺼운 냄비에 잣의 웃물을 부어 나무 주걱으로 저으며
   중불에서 끓인다.

② 끓어오르면 잣의 앙금을 넣고 충분히 끓인다. 눋지 않도록 나무
   주걱으로 바닥을 긁듯이 젓는다.

③ 다시 끓어오르면 쌀의 웃물을 넣고 저어가며 끓이다가 쌀 앙금을 넣고
   죽이 잘 어우러지도록 끓인다. 쌀 앙금을 넣은 다음에는 너무 오래
   끓이지 않는다.

④ 먹기 직전에 소금을 넣는다.

도움말

· 백잣보다는 황잣으로 쑨 죽이 더 고소하다. 황잣의 껍질을 벗긴 것이 백잣이다.
· 잣에는 소화효소인 아밀라아제가 들어 있으므로 먼저 잣을 넣고 끓인 다음 쌀을 넣어야 죽이 묽어지지
  않는다. 또 쌀을 넣은 다음 오래 끓여도 죽이 묽어지므로 주의한다.
· 잣을 볶아서 넣으면 잣의 지방 성분 때문에 죽이 쉽게 산패된다.
· 잣의 상태가 좋지 않을 때는 잣을 갈 때 넣는 물의 분량을 줄이는 대신 쌀 갈 때 넣는 물의 분량을 늘린다.
  이때는 끓이는 순서도 바꾼다. 쌀을 먼저 끓이다가 잣의 웃물을 넣고, 제일 마지막에 잣 앙금을 넣는다.
· 쌀과 물의 양을 잘 맞춘다. 물이 너무 많으면 미음이 된다.

들깨죽

제주 지역 향토 음식으로, 들깨죽을 유죽, 들깻잎을 유잎이라 부른다.
〈한국민속종합조사보고서 향토음식 편〉에 따르면 강원도에서는 들깨죽에 호박을 같이 넣어 죽을 쒔다.

불린 멥쌀 1½컵
들깨 1컵
들기름 1큰술
물 7~8컵
소금 1작은술

1 들깨 씻어 준비하기

① 들깨를 요철이 있는 그릇에 담아 물을 아주 조금만 부어 바락바락 문질러 깨끗이 씻는다.

② 그대로 물에 담가 10분 정도 불린다.

③ 위에 뜬 들깨는 체로 건져 물기를 빼고 가라앉은 돌은 버린다.

2 들깨즙 만들기

① 분쇄기에 들깨를 넣고 물 1½컵을 부어 곱게 간다. 고운체에 내려 들깨즙(1차)을 받는다.

② 체에 걸린 들깨 건더기에 나머지 물을 두세 번에 나누어 부어 주무르고 다시 고운체에 내려 들깨즙(2차)을 받는다. 체에 걸린 들깨 껍질은 버린다.

3 들깨죽 쑤기

① 바닥이 두꺼운 냄비가 달궈지면 들기름을 두르고 불린 쌀을 중약불로 볶는다.

② 쌀알이 말갛게 되면 먼저 2차 들깨즙을 붓고 뚜껑을 닫아 중불로 끓인다. 눋거나 넘치지 않도록 가끔 나무 주걱으로 바닥을 긁듯이 젓는다.

③ 쌀알이 거의 다 익으면 1차 들깨즙을 넣고 골고루 섞어 살짝 더 끓인다.

④ 소금으로 간한다.

도움말

· 들깨를 손절구에 갈아서 써도 된다. 그때는 들깨 간 것을 베 주머니에 넣고 바락바락 주물러 즙을 짜서 쓴다.

면신선로

신선로와 메밀국수를 같이 내는 궁중 음식으로, 면을 신선로 국물에 적셔 먹는다. 1870년(고종 7년) 조 대비 환갑 잔칫상에 올랐다. 탕신선로와 달리 면신선로에는 해산물이 많이 들어간다.

메밀국수 200g
사태 300g
양지머리 300g
쇠고기 150g
두부 100g
조개관자(대) 4~5개
새우(중) 5마리
건해삼 1마리
달걀 7개
죽순 100g
오이 100g
미나리 100g
홍고추 20g
잣 1큰술
식용유 1/2컵

국물 양념
집간장 1큰술
소금 조금
후춧가루 조금

양념
집간장 2큰술
설탕 1큰술
다진파 1큰술
다진마늘 1큰술
생강즙 1작은술
참기름 1큰술
깨소금 1큰술
후춧가루 1/4작은술

기타
(달걀물) 소금
후춧가루
(두부 양념) 소금
후춧가루
참기름
(오이 손질) 소금
(황백 지단) 소금
후춧가루

1 고기 삶아 양념하고 국물 만들기

① 양지머리와 사태는 찬물에 담가 핏물을 뺀다.

② 냄비에 고기가 잠길 정도의 물을 붓고 끓이다가 물이 끓으면 양지머리와 사태를 넣고 삶는다.

③ 고기가 푹 익으면 꺼내어 길이는 신선로 틀 크기, 너비는 2.5cm 정도로 썰어 양념한다.

④ 삶은 육수는 식혀 기름을 걷어내고 집간장과 소금, 후춧가루로 간을 맞춰 양지머리 국물을 만든다.

2 완자와 섭산적 부치기

① 달걀 1개에 소금과 후춧가루를 조금 넣고 잘 풀어 달걀물을 만든다.

② 쇠고기는 살코기만 곱게 다져 핏물을 닦아내고 양념한다.

③ 두부는 굵은체에 내려 으깬 다음 면 보자기에 싸서 물기를 짜내고 소금과 후춧가루, 참기름을 조금 넣어 섞는다.

④ 양념한 쇠고기와 두부를 두 가지가 구분이 가지 않을 만큼 잘 섞어 점성이 생길 정도로 치댄다.

⑤ 반죽의 절반은 지름 1cm 크기의 완자로 빚어 밀가루를 묻히고 여분의 가루를 털어낸 다음 달걀물을 씌워 팬에서 굴리면서 약불로 지진다.

⑥ 나머지 반은 둥글납작하게 빚은 다음 약불에 지져 섭산적을 만든다.

3 해물 준비하기

① 조개관자는 깨끗이 씻어 물기를 닦아내고 네 쪽으로 썬다.

② 새우는 깨끗이 씻어 긴 수염과 발을 자르고 꼬리의 검은 부분을 긁어낸다. 꼬리 가운데의 삼각형 물주머니를 떼고 등 쪽의 내장도 제거한다. 새우 등 쪽에 긴 꼬챙이를 꽂아 모양을 일자로 잡아 찜기에 살짝 찐 다음 껍질을 벗기고 신선로 틀 크기에 맞추어 저민다.

③ 해삼은 40분 정도 삶아 그 물에 그대로 하룻밤 불려 내장을 빼낸다. 해삼이 그래도 부드럽지 않으면 한 번 더 삶고 불리는 과정을 반복한다. 길이는 신선로 틀 크기에 맞춰 자르고 너비 2.5cm 정도로 썰어 양념해 살짝 볶는다.

4 죽순과 오이, 홍고추 썰기

① 죽순은 빗살 모양으로 썰어 양념해 살짝 볶는다.

② 오이는 소금으로 문질러 씻은 후 칼로 투명한 껍질만 얇게 벗겨낸다. 신선로 틀 크기로 잘라 도톰하게 돌려 깎은 다음 너비 2.5cm로 썬다.

③ 홍고추는 씨를 빼고 오이와 같은 크기로 썬다.

5   미나리초대 부치기

① 달걀 한 개를 잘 풀어 달걀물을 만든다.

② 미나리는 깨끗이 씻어 잎은 떼어내고 줄기만 끓는 물에 데쳐 찬물에 헹궈 꼭 짠다.

③ 줄기 5~6개를 꼬챙이에 가지런히 꿰어 밀가루를 묻힌 다음 여분의 가루를 털어낸다. 달걀물을 씌워 약불에서 부친다.

④ 식으면 꼬챙이를 빼고 신선로 틀 크기에 맞춰 너비 2.5cm로 썬다.

6   황백 지단 부치기

① 달걀 4개는 노른자와 흰자를 분리해 각각 소금과 후춧가루를 조금 넣고 잘 풀어 황백 지단을 부친다.

② 다른 재료와 마찬가지로 신선로 틀 크기에 맞춰 자른 다음 너비 2.5cm로 썬다.

7   신선로 꾸미기

① 신선로 틀 바닥에 둥글납작하게 지진 섭산적을 깐다.

② 그 위에 준비한 채소와 해물을 색스럽게 돌려 담고 잣을 올린다.

③ 양지머리 국물을 붓고 가운데 화통에 숯불을 넣어 뚜껑을 닫아 상에 낸다.

8   메밀국수 삶기

① 메밀국수는 삶아 찬물에 헹궈 건져 물기를 뺀다.

② 다른 그릇에 가지런히 담고 고기 국물을 부어 신선로와 같이 낸다.

도움말

· 완자용 쇠고기는 기름이 거의 없는 홍두깨살이나 우둔살을 쓰는데, 다른 부위라도 기름을 떼어내고 써도 된다.
· 완자용 두부에 소금과 후춧가루, 참기름을 먼저 섞는 이유는 비린내를 없애기 위해서다. 조금만 넣는다.
· 새우는 찌고 나서 뜨거울 때 꼬챙이를 빼야 잘 빠진다.
· 메밀국수는 먹기 직전에 따뜻한 국물에 토렴해서 낸다.

안동칼국수

안동칼국수는 이름 그대로 안동 지방 향토 음식이다. 밀가루에 콩가루를 넣고 반죽해 홍두깨로 넓게 민 다음 칼로 썰어 면을 만든다. 제물국수와 건진국수 두 가지가 있는데, 여기에서는 국수를 삶아 찬물에 행궈 닭 육수에 말아 먹는 건진국수 형태를 소개한다.

밀가루 3컵
생콩가루 1컵
소금 1큰술

고기 양념
집간장 1작은술
참기름 1작은술
깨소금 2작은술
다진파 2작은술
다진마늘 1작은술

닭 육수
닭 1kg
집간장 1큰술
소금 조금
후춧가루 조금

고명
김 2장
달걀 2개
실고추 조금

기타
(황백 지단) 소금
후춧가루

1 국수 반죽하기
① 밀가루와 콩가루를 고루 섞어 중간체에 내린다.
② 소금을 섞고 물을 넣어 반죽해 골고루 잘 치댄다.

2 국수 밀어 썰기
① 홍두깨로 반죽을 앞뒤로 반복해 밀어 편다. 손바닥으로 반죽을 양옆으로 당기듯이 늘이며 얇게 민다.
② 넓게 민 반죽에 밀가루를 뿌리고 6~7cm 폭으로 접어 곱게 채 썬다.
③ 쟁반에 밀가루를 뿌리고 국수 가락을 넓게 펼쳐놓는다.

3 닭 삶기
① 닭은 씻어 배를 갈라 속의 핏덩어리와 기름을 제거하고 날개 끝마디와 꽁지의 지방을 잘라낸 다음 깨끗하게 씻어 삶는다.
② 닭 육수는 기름기를 걷어내고 집간장과 소금, 후춧가루로 양념해 국물을 만든다.
③ 닭고기 살을 발라 곱게 찢어 고기 양념으로 살살 버무려놓는다.

4 고명 준비하기
① 달걀은 노른자와 흰자를 분리해 각각 소금과 후춧가루를 조금 넣고 잘 풀어 황백 지단을 부쳐 곱게 채 썬다.
② 김은 살짝 구워 가위로 가늘게 자른다.

5 면 삶기
① 물이 팔팔 끓으면 국수 가락을 잘 풀어 넣고 삶는다.
② 익으면 국수를 건져 찬물에 여러 번 헹군 다음 물기를 뺀다.

6 국수 담기
① 그릇에 국수를 담고 닭 국물을 붓는다.
② 양념한 닭고기와 황백 지단채, 김, 실고추를 고명으로 얹는다.

도움말

· 호박오가리와 무장아찌도 고명으로 좋다. 호박오가리는 불려 썬 다음 다진 파와 마늘, 들기름, 소금, 닭 육수를 조금 넣어 볶고, 무장아찌는 곱게 채 썰어 참기름과 깨소금으로 무친다.
· 실고추 대신 홍고추를 반 갈라 씨를 털어내고 곱게 채 썰어 고명으로 써도 된다.
· 볶은 참깨를 곱게 갈아 육수를 부어 섞어 체에 내린 다음 국수에 넣어 먹으면 맛이 더 고소하다.

흰떡만두

밀가루나 메밀가루로 피를 만드는 만두는 소를 먹는 음식이고, 멥쌀가루로 피를 만드는 송편은 껍질을 먹는 음식이다. 흰떡만두는 두 가지 음식의 장점을 모두 가져 소와 피를 동시에 즐길 수 있다. 바닷가 지역에서는 고기 대신 해물을 많이 넣어 해물흰떡만두를 만들었다. 조자호의 〈조선 요리법〉에 나오는 음식이다.

멥쌀가루 5컵
소금 2작은술
식용유 2큰술

만두소
쇠고기 100g
돼지고기 100g
달걀 2개
숙주 100g
미나리 80g
송이버섯 50g
석이버섯 조금

양념
집간장 1작은술
소금 조금
설탕 1/2작은술
다진파 1작은술
다진마늘 1작은술
생강즙 1/2작은술
참기름 1작은술
깨소금 1작은술
후춧가루 조금

기타
(황백 지단) 소금
후춧가루
(송이버섯과 미나리 전처리) 소금
(찔 때) 녹말

1   반죽 준비하기
① 멥쌀가루에 소금을 넣고 중간체에 내려 덩얼덩얼하게 반죽한다.
② 시루에 시룻밑을 놓고 젖은 베 보자기를 깔고 반죽을 올린다.
③ 김이 오른 찜통에 올려 20분 이상 푹 찐다.
④ 찐 멥쌀 반죽을 큰 그릇에 쏟아 방망이로 오래 찧는다.
⑤ 몇 덩어리로 나누어 다시 김이 오른 찜기에서 푹 찐다.
⑥ 다시 그릇에 쏟아 겉이 매끈해질 때까지 많이 쳐서 흰떡 반죽을 만든다.

2   고기와 황백 지단 준비하기
① 쇠고기는 곱게 다져 핏물을 닦아내고 양념한다.
② 돼지고기는 곱게 채 썰어 핏물을 빼고 양념한다.
③ 달걀은 노른자와 흰자를 분리해 각각 소금과 후춧가루를 넣고
　잘 풀어 황백 지단을 부쳐 채 썬다.

3   버섯 준비하기
① 송이버섯은 소금물에 담가 흙을 없애고 껍질을 살살 벗겨 짧게 채 썬다.
② 석이버섯은 뜨거운 물에 불려 손바닥으로 문질러 씻어 이끼와 배꼽을
　떼고 물기를 닦는다. 돌돌 말아 곱게 채 썰어 마른 팬에 살짝 볶는다.

4   채소 준비하기
① 미나리는 깨끗이 씻어 잎을 떼고 연한 줄기만 골라 2~3cm로 썬다.
　소금에 살짝 절인 다음 꼭 짠다.
② 숙주는 머리와 뿌리를 떼고 살짝 데쳐 찬물에 헹구어 물기를 꼭 짠 다음
　송송 썰어 살짝 볶는다.

5   만두소 만들기
쇠고기와 돼지고기, 버섯, 채소를 모두 섞고 남은 양념과 소금으로 간을
맞춘다.

6   만두 빚어 찌기
① 흰떡 반죽을 조금씩 뗀 다음 도톰하게 밀어 만두피를 만든다.
② 만두소를 넣고 반으로 접어 송편처럼 빚은 다음 겉면에 녹말을 뿌린다.
③ 시루에 시룻밑을 놓은 뒤 베 보자기를 깔고 그 위에 흰떡만두를 올린다.
④ 만두에 분무기로 물을 뿌린 다음, 김이 오른 찜통에 올려 20분 정도 찐다.
⑤ 꺼내기 전에 물을 한 번 더 뿌리고, 다시 김이 오르면 불에서 내린다.

도움말

· 숙주 대신 연한 무를 채 썰어 양념해 넣기도 한다.
· 떡으로 만든 피는 두꺼워야 제맛이 난다.
· 반죽에 당근이나 오미자, 앵두, 차조기, 자색고구마 등의 즙을 넣어 분홍색 피를 만들 수 있다.
· 상에 올릴 때는 초간장을 곁들인다. 초간장은 집간장에 설탕과 식초를 섞은 뒤 잣가루를 뿌려 만든다.

보만두

〈조선무쌍신식요리제법〉에 나오는 만두로, 조그맣게 빚은 여러 개의 만두를 보자기처럼 크게 만든 밀가루 피에 싸서 만든다. 보쌈만두라고도 부른다. 안에 들어가는 작은 만두는 만두 모양으로 빚기도 하지만 다식판에 피를 깔고 소를 넣어 눌러 꽃이나 새, 물고기, 조개 모양으로 만들기도 한다. 찔 때 보 입구로 물이 들어가지 않게 복주머니 모양으로 묶어 찌거나 삶는다.

쇠고기 150g
달걀 2개
숙주 100g
배추 고갱이 100g
두부 75g
양파 35g
표고버섯 10g
잣 1/2큰술
참기름 1큰술

만두피
밀가루 3컵
오미자물 1큰술
치자물 1큰술
시금치 잎 색소 1큰술
소금 1작은술

양지머리 국물
양지머리 육수 5컵
청장 2작은술

만두소 양념
집간장 1큰술
설탕 1/2큰술
다진파 1큰술
다진마늘 1/2큰술
참기름 2큰술
깨소금 1/2큰술
후춧가루 조금

기타
(숙주와 배추 데칠 때) 소금
(황백 지단) 소금
후춧가루

1 **밀가루 반죽하기**
① 밀가루 1½컵은 소금을 섞고 찬물로 반죽해 말랑할 때까지 치대 흰색 반죽을 만든다.
② 밀가루 1/2컵은 소금을 섞고 오미자물로 반죽해 말랑할 때까지 치대 붉은색 반죽을 만든다.
③ 밀가루 1/2컵은 소금을 섞고 치자물로 반죽해 말랑할 때까지 치대 노란색 반죽을 만든다.
④ 나머지 밀가루 1/2컵은 소금을 섞고 시금치 잎 색소와 물을 넣고 반죽해 말랑할 때까지 치대 초록색 반죽을 만든다.
⑤ 각각의 반죽은 랩으로 싸서 냉장고에서 20분 이상 휴지한다.

2 **표고버섯 손질해 볶기**
① 표고버섯은 불려 기둥을 떼어내고 물기를 짠 다음, 갓이 두꺼우면 3~4장으로 포 뜨듯이 얇게 저며 2~3cm 길이로 곱게 채 썬다.
② 표고버섯채를 볶다가 만두소 양념을 조금 넣어 버무린다.

3 **채소 준비하기**
① 숙주는 머리와 꼬리를 떼고 소금물에 살짝 데친 다음 찬물에 헹궈 송송 썰어 물기를 꼭 짠다.
② 배추 고갱이는 소금물에 살짝 데쳐 찬물에 헹궈 꼭 짜서 곱게 채 썬다.
③ 양파는 곱게 다져 볶은 후 물기를 꼭 짠다.

4 **쇠고기 양념하기**
① 쇠고기는 곱게 다져 핏물을 닦는다.
② 다진 쇠고기에 만두소 양념을 적당히 넣고 고루 섞는다.

5 **두부 짜서 양념하기**
① 두부는 굵은체에 내려 뭉친 데 없이 곱게 으깬다.
② 면 보자기에 싸서 물기를 꼭 짠 다음 만두소 양념을 조금 넣어 버무린다.

6 **만두소 만들기**
① 먼저 쇠고기와 두부를 고루 섞은 후 표고버섯과 숙주, 배추, 양파를 넣어 잘 섞는다. 달걀을 한 개 풀어 넣어 만두소가 잘 뭉쳐지게 한다.
② 남아 있는 만두소 양념을 모두 넣고 싱거우면 소금으로 간을 맞춘다.

7　황백 지단 부치기

① 달걀 한 개는 노른자와 흰자를 분리해 각각 소금과 후춧가루를 조금 넣고 잘 풀어놓는다.

② 황백 지단을 부쳐 각각 마름모꼴로 썬다.

8　비늘잣 준비하기

① 잣은 고깔을 떼고 살짝 씻어 물기를 닦는다.

② 잣을 2~3쪽으로 갈라 비늘잣을 만든다.

9　작은 만두 빚어서 찌기

① 휴지한 네 가지 색의 밀가루 반죽을 다시 치대 말랑하게 만든 다음, 조금씩 떼어 얇게 밀어 작은 만두피를 만든다. 흰 반죽은 1/2컵 분량만 작은 만두로 만든다.

② 만두피에 소와 비늘잣 3~4개를 넣고 여러 모양으로 만두를 빚는다.

③ 김이 오른 찜통에 찐다. 다 쪄지면 분무기로 물을 한 번 뿌린 다음 꺼낸다.

④ 찐 만두에 참기름을 살짝 바른다.

10　큰 주머니 모양으로 보만두 빚기

① 남은 1컵 분량의 흰 반죽을 큰 원 모양으로 밀대로 얇게 밀어 보만두 피를 만든다.

② 보만두 피 위에 작은 만두를 올린 후 피를 오므려 입구를 복주머니 모양으로 주름 잡아 마무리한다.

11　국물에 삶기

① 양지머리 육수를 끓여 청장으로 간을 맞춰 국물을 만든다.

② 국물이 펄펄 끓으면 보만두를 넣고 삶는다. 안의 만두는 다 익은 상태이므로 보만두 피만 익을 정도로 삶는다.

③ 큰 합에 보만두를 국물과 함께 담고 지단을 띄운다.

도움말

· 익으면 색이 조금 더 진해지므로 반죽은 원하는 색보다 연하게 한다.

· 오미자와 치자는 아주 진하게 우린다. 색이 우러나는 정도는 재료의 품질에 따라 다르므로 상태를 보면서
  양을 조절한다. 오미자는 물에 씻어 찬물에 담가 하룻밤 우리는데, 물 3에 오미자 1의 비율이 적당하다.
  치자는 2개를 쪼개서 물 1/4컵에 담가 우리는데, 급하면 미지근한 물에 담근다.

· 시금치 잎 색소는 다음과 같이 만든다. 시금치의 연한 잎을 골라 가운데 굵은 잎맥은 잘라내고 곱게 다지거나
  분쇄기에 갈아 고운체에 내린다. 내린 즙을 끓는 물에 넣으면 미세한 초록색 입자가 뜨는데 고운체로 건져 쓴다.

· 보만두를 삶을 때 냄비 바닥에 배춧잎을 깔면 만두피가 바닥에 눌어붙지 않는다.

· 상에 낼 때 초간장을 곁들인다. 초간장은 집간장에 설탕과 식초를 섞은 뒤 잣가루를 뿌려 만든다.

조랭이떡국

개성 지방의 향토 음식으로, 흰떡을 누에고치 모양으로 가운데가 들어가게 만든 떡을 조랭이떡이라 한다. 이 떡의 기원에 대해서는 두 가지 설이 있는데 하나는 누에고치에서 실이 풀려 나오듯 일이 술술 풀리라는 뜻으로 만들어 먹었다는 설이고, 다른 하나는 고려의 패망을 가져온 이성계에 대한 개성 사람들의 원망이 담긴 떡이라는 설이다. 후자에 대해 홍선표는 〈조선요리학〉에서 "개성 사람들은 조선 개국 초에 고려의 신심으로 조선을 비틀어버리고 싶다는 뜻에서 떡을 비벼서 끝을 틀어 경단 모양으로 잘라내어 생떡국처럼 끓여 먹었다"라고 기술했다.

멥쌀 5컵
소금 1큰술
달걀 2개

국물
양지머리 300g
양파 1/4개
생강편 2쪽
마늘 2쪽
대파(흰 부분) 1대
집간장 1큰술
소금 조금

고기 양념
집간장 1/2작은술
참기름 1/2작은술
후춧가루 1/3작은술

기타
(황백 지단) 소금
후춧가루

1 **조랭이떡 만들기**
① 멥쌀을 씻어 물에 담가 4~6시간 불린 다음 건져 체에 밭쳐 물기를 뺀다.
② 불린 멥쌀에 소금을 넣고 가루로 빻아 고운체에 내린다.
③ 멥쌀가루에 물을 조금 넣고 덩얼덩얼하게 반죽한다.
④ 시루에 시룻밑을 놓고 베 보자기를 깔고 반죽을 올린다.
⑤ 김이 오른 찜통에 시루를 올리고 20분 이상 푹 찐다.
⑥ 찐 멥쌀을 큰 그릇에 쏟아 방망이로 오래 찧는다.
⑦ 지름 1m 정도로 긴 가래떡을 만든다.
⑧ 가래떡에 참기름을 발라 나무 칼로 썰어서 조랭이떡을 만든다.

2 **양지머리 삶아 국물 만들기**
① 양지머리는 찬물에 담가 핏물을 뺀다.
② 냄비에 고기가 잠길 정도로 물을 붓고 물이 끓으면 양지머리와 양파, 생강, 마늘, 대파, 소금을 넣어 고기가 무르게 삶는다.
③ 고기 삶은 물은 식혀 기름기를 걷어내고 집간장으로 간을 맞춰 떡국 국물을 만든다.

3 **떡국 고명 준비하기**
① 삶은 양지머리는 건져 고깃결을 따라 곱게 찢는다.
② 찢은 고기를 양념에 무친다.
③ 달걀은 노른자와 흰자를 분리해 각각 소금과 후춧가루를 조금 넣고 잘 풀어 황백 지단을 부쳐 마름모꼴로 썬다.

4 **떡국 끓이기**
① 떡국 국물이 끓으면 조랭이떡 6컵을 넣는다.
② 떡이 무르면 그릇에 담아 고기와 황백 지단을 올린다.

도움말

· 고명으로 양지머리를 산적으로 만들어 올릴 수도 있다.

부식

반찬 이야기를 시작합니다.

반찬은 우주입니다

우리 밥상의 기본 원칙은 반찬의 가짓수에 따라 3첩, 5첩, 7첩 등으로 나누는데, 반드시 조리법과 재료가 중복되지 않도록 다채롭게 구성합니다. 한 가지 음식도 마찬가지입니다. 김치 하나에도 오색과 오미가 갖추어져 있고, 들에서 난 채소부터 바다에서 난 생선까지 다양하게 들어갑니다. 우리 음식 하나하나가 우리의 자연이고, 밥상은 우주입니다. 우리네 밥상은 그 계절에 산과 들에서 난 곡식과 채소, 바다와 강에서 가져온 생선, 고기로 가득합니다.

반찬은 공경하는 마음입니다

우리의 반찬을 유심히 보면 얇게 저미거나 채 썰고 다진 것이 유난히 많습니다. 이것은 이가 약한 집안 어른들과 노인을 위한 공경의 마음입니다. 고기구이도 통으로 굽는 맥적에서 얇게 저며 양념하는 너비아니, 다져서 반대기를 지어 굽는 장산적 형태로 발전했습니다. 또 훌훌 마시는 것만으로도 고기의 맛을 느끼고 영양을 섭취할 수 있도록 푹 고아 만든 음식들도 발달했습니다.

반찬은 영양입니다

허균은 '기근(飢饉)'을 정의하기를 곡물이 여물지 않아 일어나는 굶주림을 기(飢), 채소가 자라지 않아 일어나는 굶주림을 근(饉)이라 했습니다. 우리에게는 곡식이 부족한 것만 굶주림이 아니라 채소가 부족한 것도 굶주림인 것입니다. 우리 전통 밥상 차림의 기본인 3첩반상만 봐도 밥과 국, 김치, 장 외에 생채와 숙채에다 구이나 조림 중 한 가지를 올립니다. 그것만 제대로 먹어도 필요한 영양을 충분히 섭취할 수 있습니다. 게다가 채소에 콩으로 만든 장으로 간을 하니 추가로 단백질도 보충됩니다.

간장으로
우리의 이야기를 시작합니다.

무릇 장은 우리 음식의 맛을 좌우하는 기본입니다

<증보산림경제>에서는 "장은 모든 음식 맛의 으뜸"이며 "집안의 장맛이 좋지 아니하면
좋은 채소와 고기가 있어도 좋은 음식을 할 수 없다"라고 했습니다.
장은 우리 음식 대부분에 들어가며 때로는 저장 음식이나 고추장, 게장 같은 다른 발효
음식의 재료가 되기도 합니다. 무엇보다 채소와 나물을 맛있게 먹으려면
장이 필요합니다.

맛있는 장은 좋은 재료와 시간, 정성으로 만듭니다

콩을 벌레 먹은 것 하나 없이 골라 무르게 삶아 메주를 만들어 겨우내 띄웁니다.
이후 소금물에 담가 100일간 발효시켜 간장과 된장을 가릅니다. 이렇게 만든 장은
항아리에 담아 낮에는 뚜껑을 열어 햇빛을 쪼여 살균하고, 밤에는 이슬 맞지 않도록
뚜껑을 닫아줍니다. 장독대와 항아리 주변도 잡균이 넘보지 못하도록 깨끗이 청소합니다.
그동안 항아리 안에서는 각기 다른 맛들이 서로 싸우고 어우러지는 여정을 거쳐 균형
잡힌 복합적인 맛을 가진 장으로 완성됩니다. 곰팡이, 세균, 효모 세 가지 미생물이 모두
이용되어, 한마디로 정의할 수 없는 깊은 맛을 품게 됩니다.

간장은 오래 묵힐수록 좋고, 된장과 고추장은 매해 담가 먹습니다

매해 새 간장을 담가도 맛이 일정하게 유지되는 것은 겹장이기 때문입니다. 남은 간장에
새로 만든 장을 더해 맛의 균형과 향을 유지합니다. 간장이 여러 종류일 때는 항아리를 담은
해에 따라 나란히 놓고 오래된 간장독이 비면 그다음으로 오래된 독에서 옮겨 채웁니다.

이 책에 실은 음식에는 직접 만든 네 가지 장을 썼습니다.

집간장·청장 그해 담근 맑은 간장을 청장이라 부릅니다. 주로 찌개나 국, 죽 등을 맑게
끓일 때나 나물을 무칠 때 사용하는데 담백한 맛이 납니다. 집간장은 담근 지 2~3년 된
간장으로, 청장보다 음식의 색이 진해집니다. 국이나 찌개 등에 넣는, 일반적으로 쓰는
간장입니다.
집진간장 몇십 년 된 진한 색의 간장으로 약식이나 약포, 편포, 고기찜 등에 씁니다.
옛 문헌에는 진장(陳醬) 또는 진간장, 검은장 등의 이름으로 나옵니다. 짠맛이 약해지고
단맛과 감칠맛이 많이 납니다. 오래될수록 진해지는데 60년 묵은 것을 최고로 친다고
합니다.
어육장 메주와 소금 외에 쇠고기, 닭고기, 꿩고기, 각종 어패류, 마늘, 대파, 생강 등을
넣어 담근 간장으로, 빗물이 들어가지 않게 단단하게 여며 1년 동안 땅속에 묻어두었다가
거릅니다. 맛이 매우 좋은 고급 간장으로 <규합총서>에 만드는 법이 나옵니다.

완
자
탕

완자탕은 옛날에는 평소에 먹는 음식이 아니라 잔치나 손님 접대할 때 상에 올리는 국이었다.
이 책에서는 다진 쇠고기와 두부를 섞어 완자를 만들고 안에 잣을 넣어 식감을 살렸다. 쑥이나 미나리,
쑥갓 같은 채소를 넣으면 맛이 더 좋아진다.

쇠고기 100g
두부 30g
달걀 2개
밀가루 2큰술
식용유 1/2큰술

고기 양념
집간장 1/2작은술
다진파 1작은술
다진마늘 1/2작은술
생강즙 1/2작은술
참기름 1작은술
깨소금 1/2작은술
후춧가루 조금

양지머리 국물
양지머리 육수 5~6컵
집간장 1/2큰술
소금 조금
후춧가루 조금

기타
(두부 양념) 소금
후춧가루
참기름
(달걀물과 황백 지단) 소금
후춧가루

1 **쇠고기 완자 빚기**
① 쇠고기는 살코기만 곱게 다져 핏물을 닦아내고 양념한다.
② 두부는 굵은체에 내려 으깬 다음 면 보자기에 싸서 물기를 꼭 짜고
소금과 후춧가루, 참기름을 조금 넣어 고루 섞는다.
③ 쇠고기와 두부는 두 가지가 구분이 되지 않게 잘 섞어 점성이 생길
정도로 치댄다.
④ 지름 1.5cm 크기로 완자를 빚는다.

2 **완자 지지기**
① 달걀 한 개에 소금과 후춧가루를 조금 넣고 잘 풀어 달걀물을 만든다.
② 완자에 밀가루를 묻히고 여분의 가루를 털어낸 다음 달걀물을 씌운다.
③ 팬에 식용유를 두르고 약불에서 완자를 굴려 겉면을 익힌 후 꺼내서
기름을 닦아낸다.

3 **황백 지단 부치기**
① 나머지 달걀 한 개는 노른자와 흰자를 분리해 각각 소금과 후춧가루를
넣고 잘 푼다.
② 황백 지단을 부쳐 각각 마름모꼴로 썬다.

4 **완자탕 끓이기**
① 양지머리 육수에 집간장으로 원하는 색을 내고, 소금으로 간을 맞춘 뒤
후춧가루를 뿌린다.
② 끓으면 완자를 넣어 고기가 익을 정도로만 살짝 끓여 그릇에 담고
황백 지단을 얹는다.

도움말

· 완자탕의 완자는 요리의 고명으로 올릴 때보다 조금 더 크게 지름 1.5~2cm 크기로 빚는다.
· 완자는 들기름으로 부치면 좋다. 이때는 여분의 기름을 닦아내지 않아도 된다.
· 완자는 국물에 넣어 끓이므로 지질 때 속까지 익히지 않아도 된다. 겉면이 익을 정도만 지진다.
· 완자를 국물에 넣고 오래 끓이면 달걀물이 벗겨져 보기 흉하고 국물도 지저분해진다.
· 1인분 한 그릇에 완자 4~5알을 담으면 적당하다.
· 양지머리 육수는 다음과 같이 준비한다. 찬물에 양지머리를 담가 핏물을 뺀 다음 냄비에 고기가 잠길 정도의
물을 붓고 물이 끓으면 양지머리와 양파, 대파, 마늘, 생강을 넣고 삶는다. 고기는 무르면 꺼내고 국물은 식혀
기름을 걷어낸다.

날콩국

제주 지역 향토 음식으로 마치 콩물이 봄동에 엉겨 붙은 것처럼 끓인다. 봄동 대신 쑥을 넣으면 향긋하다.
2017년 2월 2일 KBS 〈한국인의 밥상〉에 제주 봉성리 편이 방영되었는데, 방애불(들불) 놓는 날 마을
사람들이 모여 날콩국과 전병을 먹으며 한 해의 복을 기원하는 풍습이 그려졌다.

날콩가루 250g
봄동 300g
무 300g
풋고추 3~4개

국물
멸치 15g
다시마 2g

양념
집간장 1큰술

기타
(날콩가루 불릴 때)
찬물 3컵
참기름

1 날콩가루 불리기
날콩가루에 찬물 3컵과 참기름을 넣고 덩어리지지 않게 잘 개어둔다.

2 채소 썰어 준비하기
① 봄동은 깨끗이 씻어 끓는 물에 살짝 데쳐 찬물에 헹군 다음 꼭 짜서
   3~4cm 길이로 썬다.
② 무는 씻어 4cm 길이로 굵게 채 썬다.
③ 풋고추는 깨끗이 씻어서 송송 썰어 씨를 털어낸다.

3 날콩국 끓이기
① 바닥이 두꺼운 냄비에 멸치와 다시마를 넣고 물을 부어 끓인 다음
   체에 걸러 멸치 육수를 만든다.
② 멸치 육수 8컵에 무와 봄동을 넣고 끓인다.
③ 끓으면 불을 약불로 줄인 후 날콩가루 갠 것을 서너 차례에 걸쳐
   국물이 끓어오르는 곳에 퍼듯이 얹는다. 넘치지 않도록 조심한다.

4 간 맞추고 뜸 들이기
① 끓는 콩물을 조금 떠서 집간장을 섞은 다음 다시 끓는 콩국 위에
   끼얹어 간을 맞춘다.
② 풋고추를 넣고 뚜껑을 닫아 약불에서 10분 정도 뜸을 들인다.

도움말

· 날콩가루는 찬물에 개어야 콩 비린내가 나지 않는다.
· 국물에 처음부터 간을 하면 콩물이 뭉치므로 간은 마지막에 한다.
· 끓일 때 저으면 콩물이 풀어진다. 그릇에 담을 때도 뒤섞지 말고 위부터 떠서 담는다.
· 날콩국은 쉽게 넘치므로 날콩가루를 개어 부을 때부터 뜸 들일 때까지 옆에서 계속 지켜보면서 불을 조절한다.

인절미장국

노릇하게 구운 인절미를 장국에 넣고 살짝 끓인 음식으로, 정월에 인절미를 넉넉히 만들어 얼려놓았다가 국으로 끓여 찹쌀떡의 늘어지는 맛을 즐겼다. 반가에서 집안 어르신들에게 초조반(初無飯, 아침 식사 전에 먹는 간단한 식사)으로 올렸다.

찹쌀 3컵
소금 1/2큰술
쇠고기 300g
달걀 2개

고기 양념
집간장 1작은술
다진파 1큰술
다진마늘 1작은술
생강즙 조금
참기름 2작은술
후춧가루 조금

국물 양념
청장 2작은술

1 **인절미 만들기**
① 찹쌀을 씻어 물에 담가 4~6시간 불린 다음 건져 체에 밭쳐 물을 뺀다.
② 시룻밑을 놓고 베 보자기를 깔아 불린 찹쌀을 올린다.
③ 김이 오른 찜기에 올려 센불로 40분 정도 푹 찐다.
④ 큰 그릇에 쏟아 소금을 넣고 밥알이 남지 않도록 방망이로 곱게 찧는다.
⑤ 사각 쟁반에 떡을 쏟아 판판하게 늘여놓는다. 식으면 네모나게 크게 썰어 고물을 묻히지 않은 채 굳힌다.

2 **장국 국물 끓이기**
① 쇠고기는 나붓나붓하게 나박썰기를 해 핏물을 닦아내고 양념해 냄비에 넣고 조금 볶다가 물을 붓고 끓인다.
② 끓으면 청장으로 간을 맞추어 장국을 만든다.

3 **인절미 굽기**
굳힌 인절미를 2 × 3cm 크기로 도톰하게 썰어 석쇠에 살짝 굽는다.

4 **인절미장국 완성하기**
① 달걀을 잘 풀어놓는다.
② 장국이 끓으면 구운 인절미를 넣는다.
③ 인절미가 풀어지기 전에 달걀 푼 것을 조금씩 흘려 넣어 줄알을 치고 그릇에 담는다.

도움말

· 굽지 않은 인절미를 처음부터 장국에 넣고 끓이면 풀어져버린다.

어알탕

민어나 도미 같은 흰살생선의 살로 만든 어알(완자)을 넣고 끓인 맑은 장국으로, 수리취떡, 제호탕과 함께
대표적인 단오 시절식이다. 〈황혜성의 조선왕조 궁중음식〉에 따르면 보통 때 먹던 일상적인 탕이 아니라
교자상이나 주안상에 올리던 귀한 음식이라고 한다. 맛이 산뜻하다.

흰살생선 200g
쇠고기 150g
달걀 2개
잣 1큰술
녹말 2~3큰술
물 7~8컵

생선 양념
소금 1/2작은술
다진파 2작은술
다진마늘 2작은술
생강즙 1작은술
참기름 2작은술
후춧가루 1/2작은술
청주 1작은술

고기 양념
집간장 1작은술
다진파 1작은술
다진마늘 1작은술
생강즙 1작은술
참기름 1작은술
후춧가루 1/2작은술

국물 양념
청장 2작은술

기타
(황백 지단) 소금
후춧가루

1 **생선 손질해 으깨기**
① 생선은 비늘을 벗기고 깨끗이 씻어 물기를 닦아내고 도톰하게 포를 뜬
후 껍질을 벗긴다.
② 가시 없이 살을 발라 곱게 다져 양념한다.
③ 손절구에 다진 생선과 달걀 한 개를 넣고 점성이 생길 때까지 방망이로
으깬다.

2 **쇠고기장국 만들기**
① 쇠고기 100g은 나붓나붓하게 썰어 핏물을 닦아내고 양념한다.
② 냄비에 양념한 쇠고기를 넣고 살짝 볶다가 물을 붓고 끓인다.
③ 끓으면 청장으로 간을 맞추어 장국을 만든다.

3 **으깬 생선과 다진 쇠고기로 어알 만들기**
① 남은 쇠고기는 곱게 다져 핏물을 닦아내고 양념한다.
② 생선 으깬 것에 다진 쇠고기를 넣고 점성이 생길 때까지 찧는다.
③ 대추알 크기로 떼어 안에 잣 한두 알을 넣고 지름 1.5cm 크기로 어알을
빚는다.
④ 쟁반에 녹말을 넓게 펴 어알을 굴리고 찬물에 담갔다가 건져 다시
녹말을 묻힌다. 이 과정을 2~3회 반복한다.
⑤ 김이 오른 찜기에 올려 찐다.

4 **황백 지단 부치기**
① 달걀은 노른자와 흰자를 분리해 각각 소금과 후춧가루를 넣고 잘 푼다.
② 황백 지단을 부쳐 각각 마름모꼴로 썬다.

5 **어알탕 완성하기**
① 장국이 끓으면 어알을 넣고 잠깐 더 끓인다.
② 그릇에 담고 지단을 얹는다.

도움말

· 어알탕의 고명으로 고기나 김 등을 올릴 수도 있다.
· 마지막에 실파나 쑥갓을 넣기도 한다.

수계탕

영계의 살에 전복과 각종 채소를 넣고 끓인 장국으로, 조자호의 〈조선 요리법〉에 나온다. 조리법이 독특하고 맛도 빼어난 음식이다. 영계는 부화한 지 6~13주 된 어린 닭으로 무게가 500~600g이다.

영계 1마리
전복 1마리
달걀 1개
도라지 50g
미나리 50g
표고버섯 10g
석이버섯 5g
대파(흰 부분) 20g
밀가루 3큰술
잣 1/2작은술

양념
집간장 1/2작은술
소금 1/2작은술
다진파 1/2작은술
다진마늘 1/2작은술
참기름 1큰술
후춧가루 조금

국물 양념
집간장 1큰술
소금 조금
후춧가루 조금

기타
(전복 손질) 굵은소금
(미나리 데칠 때) 소금

1 **닭 손질하기**

① 영계를 깨끗이 손질해 배를 갈라 속의 핏덩어리와 기름을 제거하고 날개 끝마디와 꽁지의 지방을 잘라낸 다음 다시 씻는다.

② 냄비에 닭을 넣고 잠길 정도로 물을 부어 푹 삶는다.

③ 다 삶아지면 꺼내 살만 곱게 찢어 양념의 절반 분량을 넣고 버무려 재운다.

④ 닭 육수는 식혀 기름기를 걷는다.

2 **전복 손질해 채 썰기**

① 전복은 솔에 굵은소금을 묻혀 문질러 검은 것이 남아 있지 않게 깨끗이 닦는다. 전복의 너울가지와 내장, 이빨을 떼어낸다.

② 넓게 저민 다음 2cm 길이로 곱게 채 썰어 볶다가 양념을 조금 넣는다.

3 **도라지와 버섯, 미나리 채 썰기**

① 표고버섯은 불려 기둥을 떼어내고 물기를 짠다. 갓이 두꺼우면 3~4장으로 포 뜨듯이 얇게 저민다. 2cm 길이로 곱게 채 썬다.

② 석이버섯은 뜨거운 물에 불려 손바닥으로 문질러 씻어 이끼와 배꼽을 떼고 물기를 닦는다. 2cm 길이로 잘라 돌돌 말아 곱게 채 썬다.

③ 도라지는 씻어 껍질을 벗기고 2cm 길이로 잘라 곱게 채 썬다.

④ 미나리는 연한 줄기만 골라 2cm 길이로 썰어 소금물에 살짝 데친 후 찬물에 헹궈 물기를 짠다.

⑤ 대파는 흰 부분만 2cm 길이로 잘라 곱게 채 썬다.

4 **채소 반죽 만들어 익히기**

① 채 썬 전복과 도라지, 표고버섯, 석이버섯, 미나리, 대파를 고루 섞은 후 남은 양념을 모두 넣고 버무린다.

② 달걀과 밀가루를 넣어 섞는다. 밀가루는 재료가 서로 엉길 정도의 분량만 넣는다.

③ 끓는 물에 위 재료를 숟가락으로 조금씩 떠 넣어 익힌다. 물 위로 동동 뜨면 건진다.

5 **닭 육수에 넣어 끓이기**

① 닭 육수에 집간장과 소금, 후춧가루를 넣고 끓여 국물을 만든다.

② 국물이 끓어오르면 양념에 재운 닭고기와 익힌 채소 반죽을 넣고 살짝 더 끓인다.

③ 대접에 담아 잣을 띄운다.

도움말

· 전복의 너울가지는 전복 아래쪽의 너울거리는 부위로, 먹을 수 있지만 곱게 채 썰기 위해 여기에서는 정리한다.
· 익은 후에도 채소 반죽이 질면 밀가루에 다시 굴려 끓는 물에 한 번 더 익힌다.
· 국물은 집간장으로 원하는 빛깔을 내고 소금으로 간을 맞춘다.

도
미
면

도미국수라고도 하는데, 도미에 다양한 재료를 넣고 끓여 국수와 같이 먹었기 때문에 붙은 이름이다. 도미와 함께 등골, 쇠간, 처녑에 온갖 채소와 다양한 버섯이 들어가는 화려한 음식이지만 도미전만 넣어서 간단하게 끓이기도 한다. 맛이 기생이나 풍류보다 낫다고 하여 승기악탕(勝妓樂湯)이라고도 부른다.

도미(중간 크기) 600g
등골 1/2보
쇠고기 300g
두부 150g
쇠간 100g
처녑 100g
쑥갓 200g
미나리 200g
당근 70g
표고버섯 20g
생느타리버섯 100g
목이버섯 5g
석이버섯 5g
홍고추 10g
당면 30g
호두 4개
달걀 4개
밀가루 1/2컵
메밀가루 1/4컵
식용유 1/2컵

양념
집간장 2작은술
설탕 1작은술
다진파 1큰술
다진마늘 1/2큰술
생강즙 1작은술
참기름 1작은술
깨소금 1/2작은술
후춧가루 1/3작은술

양지머리 국물
양지머리 육수 4컵
집간장 1/2작은술
소금 1작은술
후춧가루 조금

1   달걀물 만들기
달걀 2개를 소금과 후춧가루를 조금 넣고 잘 풀어 달걀물을 만든다.

2   도미 손질해 전 부치기
① 신선한 도미의 비늘을 긁어낸 뒤 내장을 빼내고 뼈의 양쪽 살을 포 떠 5cm 길이로 자른다.
② 껍질 쪽에 칼집을 두세 번 넣어 전 부칠 때 오그라들지 않도록 한다.
③ 도미 살에 소금과 후춧가루를 조금 뿌려 밑간을 해서 잠시 둔다.
④ 밀가루를 묻히고 여분의 가루를 털어낸 다음 달걀물을 씌워 약불에서 살짝 지진다.

3   쇠 등골 전 부치기
① 쇠 등골은 깨끗이 씻어 5cm 길이로 자른 다음 넓게 펴 잔칼질을 한다.
② 등골에 소금, 후춧가루를 살짝 뿌려 밑간하고 잠시 둔다.
③ 밀가루를 묻히고 여분의 가루를 털어낸 다음 달걀물을 씌워 약불에서 지진다.

4   쇠간 손질해 지지기
① 굵은소금으로 쇠간의 표피를 문질러 벗기고 5cm 길이로 얄팍하게 썰어 우유에 잠깐 담가두었다가 건진다.
② 소금과 후춧가루를 조금 뿌려 밑간해 잠시 두었다가 메밀가루를 묻히고 여분의 가루를 털어낸다.
③ 약불에서 지져 너비 2cm로 썬다.

5   처녑 손질해 지지기
① 처녑은 먼저 소금을 뿌려 주물러 씻은 후, 다시 밀가루를 넣고 주물러 깨끗하게 씻는다.
② 끓는 물에 씻은 처녑을 담갔다가 바로 건져 손바닥으로 싹싹 비벼 검은 막을 벗긴다.
③ 물기를 닦고 5cm 길이로 썰어 잔칼질을 한다.
④ 소금과 후춧가루를 살짝 뿌려 밑간을 해 잠시 두었다가 밀가루를 묻히고 여분의 가루를 털어낸 다음 달걀물을 씌운다.
⑤ 약불에서 지져 2cm 폭으로 썬다.

기타
(달걀물) 소금
후춧가루
(두부) 소금
후춧가루
참기름
(등골과 쇠간 처녑 밑간) 소금
후춧가루
(쇠간과 처녑 손질) 굵은소금
우유 2컵
밀가루

6   완자 만들기

① 쇠고기 50g은 곱게 다져 핏물을 닦아내고 양념한다.

② 두부는 굵은체에 내려 으깬 다음 면 보자기에 싸서 물기를 짜내고 소금과 후춧가루, 참기름을 조금 넣어 섞는다.

③ 쇠고기와 두부는 두 가지가 구분이 되지 않게 잘 섞어 점성이 생길 정도로 치댄다.

④ 지름 1cm 크기로 완자를 빚어 밀가루를 묻히고 여분의 가루를 털어낸 다음 달걀물을 씌워 약불로 팬에서 굴리면서 지진다.

7   쇠고기 채 썰어 양념하기

나머지 쇠고기는 고깃결대로 곱게 채 썰어 핏물을 닦아내고 양념한다.

8   네 가지 버섯 준비하기

① 표고버섯은 불려 기둥을 떼어내고 물기를 짠다. 갓이 두꺼우면 3~4장으로 포 뜨듯이 얇게 저민다. 너비 2cm, 길이 5cm로 썰어 양념해 볶는다.

② 느타리버섯은 씻어 너비 2cm, 길이 5cm로 썰어 양념해 볶는다.

③ 목이버섯은 물에 불려 칼집을 넣어 넓게 펴서 너비 2cm, 길이 5cm로 썰어 양념해 볶는다.

④ 석이버섯은 뜨거운 물에 불려 손바닥으로 문질러 씻어 이끼와 배꼽을 떼고 물기를 닦는다. 돌돌 말아 곱게 채 썬다.

9   채소 다듬어 썰기

① 쑥갓은 깨끗이 씻어 체에 밭쳐 물기를 뺀다.

② 홍고추는 씻어 칼집을 넣어 씨를 털어내고 너비 2cm, 길이 5cm로 썬다.

③ 당근은 씻어 너비 2cm, 길이 5cm로 납작하게 썬다.

10   미나리초대 부치기

① 미나리는 깨끗이 씻어 잎은 떼어내고 줄기만 데친다.

② 미나리 5~6줄기를 꼬챙이에 가지런히 꿰어 밀가루를 묻힌 다음 여분의 가루를 털어낸다. 달걀물을 씌워 약불에서 부친다.

③ 꼬챙이를 빼고 너비 2cm로 썬다.

11   황백 지단 준비하기

① 달걀 2개는 노른자와 흰자를 분리해 각각 소금과 후춧가루를 조금 넣고 잘 푼다.

② 황백 지단을 부쳐 각각 너비 2cm, 길이 5cm로 썬다.

12	호두 껍질 벗기기
	호두는 뜨거운 물에 담가 꼬챙이로 속껍질을 벗긴다.

13	당면 삶아 준비하기
	① 당면은 찬물에 넣고 불린다.
	② 물이 끓으면 당면을 넣고 삶은 다음 찬물에 헹궈 체에 받쳐 물기를 뺀다.

14	양지머리 국물 끓이기
	양지머리 육수를 끓여 소금과 집간장, 후춧가루로 간을 맞춘다. 집간장은 색을 낼 정도만 넣고 소금으로 간을 맞춘다.

15	냄비에 담고 국물 부어 끓이기
	① 냄비 바닥에 쇠고기채를 깔고 위에 등골전과 쇠간전을 얹는다.
	② 그 위에 도미전과 나머지 재료를 색 맞추어 돌려 담고 위에 황백지단과 호두를 고명으로 올린다.
	③ 양지머리 국물을 부어 한소끔 끓인 다음 한쪽에 당면을 담는다.

도움말

· 등골은 소의 척수로, 머리뼈에서 엉덩이뼈까지 이어지는 척추뼈 안에 있는 신경 다발이다. 음식으로 만들면 지방이 많아 부드럽고 질기지 않으며 무기질과 비타민의 함량이 높다.
· '보'는 등골의 단위로 소 한 마리에서 나오는 등골을 1보라고 하는데 대략 길이가 150cm다.
· 요즘 시판되는 등골은 피와 기름 덩어리를 제거하고 손질해 나온다. 만약 피막이 남아 있다면 제거하고 말린 끝 쪽을 편 다음 잔칼질을 몇 번 넣어야 구울 때 오그라들지 않는다.
· 전을 부치기 전에 쇠간을 우유에 잠깐 담갔다가 건져 메밀가루를 묻히면 특유의 냄새를 없앨 수 있다.
· 양지머리 육수는 다음과 같이 준비한다. 찬물에 양지머리를 담가 핏물을 뺀 다음 냄비에 고기가 잠길 정도의 물을 붓고 물이 끓으면 양지머리와 양파, 대파, 생강, 마늘을 넣고 삶는다. 고기가 무르면 꺼내고 국물은 식혀 기름기를 걷어낸다.
· 개인용 그릇은 토렴해 따뜻하게 낸다.

낙지전골

낙지는 알이 꽉 차는 9~10월이 제철이다. 전골은 벙거짓골 또는 전립골이라 부르는 무쇠나 곱돌로 만든 냄비에 고기와 어패류, 채소를 담아 국물을 조금씩 부어 즉석에서 끓여 먹던 음식이다. 여러 재료의 맛의 조화를 즐기는 음식이므로 종류에 너무 구애받지 말고 다양한 재료를 넣어 끓인다.

낙지 4마리
쇠고기 200g
불린 해삼 100g
조개관자 100g
새우(중) 5마리
달걀 2개
양파 200g
미나리 200g
두부 30g
표고버섯 10g
홍고추 10g
잣가루 2작은술

국물
양지머리 육수 2컵
청장 1작은술
소금 1/2작은술
후춧가루 1/4작은술

양념
집간장 2작은술
소금 조금
설탕 1작은술
다진파 1작은술
다진마늘 2작은술
생강즙 1작은술
참기름 1작은술
깨소금 1작은술
후춧가루 1/4작은술

기타
(낙지 손질) 밀가루
(두부 양념) 소금
참기름
후춧가루
(황백 지단) 소금
후춧가루

1 **낙지 손질하기**
① 낙지는 밀가루로 문질러 깨끗이 씻어 껍질을 벗긴다.
② 낙지 다리는 6cm 길이로 잘라 손으로 가늘게 찢어 양념한다.

2 **해삼과 조개관자, 새우 손질하기**
① 불린 해삼은 길이 6cm, 너비 1cm 정도로 썰어 양념한다.
② 조개관자는 내장을 떼어내고 얇은 막을 벗겨 깨끗이 씻어 물기를 닦아낸 다음 납작하게 썬다. 양념해서 마른 팬에 살짝 볶는다. 이때 국물이 생기면 체에 밭쳐 뺀다.
③ 새우는 껍질을 벗겨 등 쪽 마디의 내장을 가는 꼬챙이로 빼내고 깨끗이 씻는다. 찜통에 살짝 찐다.
④ 반으로 갈라 6cm 길이로 썬다.

3 **채소 손질하기**
① 표고버섯은 물에 불려 기둥을 떼어내고 물기를 짠다. 갓을 너비 0.7~1cm로 썰어 양념한다.
② 양파는 채 썬다.
③ 미나리는 줄기만 다듬어 소금물에 살짝 데쳐 찬물에 헹군 다음 물기를 짜고 6cm 길이로 썬다.
④ 홍고추는 씨를 빼고 6cm 길이로 썬다.

4 **쇠고기채 준비하기**
① 쇠고기 150g은 6cm 길이로 잘라 고깃결대로 채 썬다.
② 핏물을 닦아내고 양념한다.

5 **완자 만들기**
① 쇠고기 50g은 곱게 다져 핏물을 닦아내고 양념한다.
② 두부는 굵은체에 내려 으깬 다음 면 보자기에 싸서 물기를 짜내고 소금과 참기름, 후춧가루를 조금 넣고 섞는다.
③ 쇠고기와 두부는 두 가지가 구분이 되지 않게 잘 섞어 점성이 생길 정도로 치댄다.
④ 지름 1cm 크기로 완자를 빚어 밀가루를 묻히고 여분의 가루를 털어낸 다음 달걀물을 씌워 팬에서 굴리면서 약불로 지진다.

6   황백 지단 부치기

            ① 달걀은 노른자와 흰자로 나누어 각각 소금과 후춧가루를 조금 넣고 잘 푼다.

            ② 황백 지단을 부쳐 각각 마름모꼴로 썬다.

7   양지머리 국물 끓이기

            양지머리 육수를 끓여 집간장과 소금, 후춧가루로 양념한다. 집간장은 색을 낼 정도만 넣고 소금으로 간을 맞춘다.

8   낙지전골 끓이기

            ① 전골 냄비에 준비한 재료를 색스럽게 담고, 잣가루를 뿌린다.

            ② 불에 올려 양지머리 국물을 붓고 끓인다.

도움말

· 불린 해삼 100g이 필요하면 건해삼 4~6개를 불려 준비한다. 건해삼을 40분 정도 삶고 그 물에 그대로 담가 하룻밤 불려 내장을 빼낸다. 그래도 해삼이 부드럽지 않으면 한 번 더 삶고 불리는 과정을 반복한다.
· 완자용 두부에 소금과 후춧가루, 참기름을 넣는 이유는 비린내를 없애기 위한 것이다. 조금만 넣으면 된다.
· 완자는 기름을 넉넉히 두르고 지진다. 들기름으로 부쳤을 때는 기름을 닦아내지 않고 그대로 전골에 넣는다.

애호박 젓국찌개

젓국찌개는 새우젓으로 간을 맞춰 끓이는 담백한 맛의 찌개로, 중부 지방에서 여름철에 즐겨 먹던 음식이다. 오래 끓이면 거품이 많이 나고 국물이 지저분해진다. 애호박은 물러지지 않게 마지막에 넣어 아주 잠깐 더 끓인다.

애호박 200g
쇠고기 70g
속뜨물 3컵

고기 양념
집간장 1/2작은술
설탕 1/4작은술
다진파 1/2작은술
다진마늘 1/4작은술
생강즙 1/4작은술
참기름 1작은술
깨소금 1/2작은술
후춧가루 조금

양념
홍고추 20g
파 20g
마늘 30g
새우젓 3큰술

1 **애호박 준비하기**
① 애호박은 깨끗이 씻어 길이 4cm로 자른다.
② 자른 애호박을 세워 0.2cm 두께로 나붓나붓하게 나박썰기를 한다.

2 **쇠고기 채 썰어 양념하기**
① 쇠고기는 4cm 길이로 잘라 결대로 가늘게 채 썬다.
② 핏물을 닦아내고 양념한다.

3 **젓국찌개 양념 준비하기**
① 새우젓은 곱게 다진다.
② 홍고추는 어슷하게 썰어 씨를 털어낸다.
③ 마늘은 편으로 얇게 썬다.
④ 파는 4cm 길이로 잘라 굵게 채 썬다.

4 **뚝배기에 끓이기**
① 먼저 뚝배기에 쇠고기와 새우젓, 홍고추, 마늘, 파를 담는다.
② 속뜨물을 붓고 끓인다. 거품이 뜨면 걷어낸다.
③ 찌개가 한소끔 끓으면 애호박을 넣고 잠깐 더 끓인다.

도움말

· 새우젓을 뜰 때는 숟가락을 불에 뜨겁게 달궈 살균해 쓰면 젓이 상하지 않아 오래 먹을 수 있다.
· 쌀뜨물은 쌀을 두세 번 씻은 후 그 물을 버리고, 다시 물을 부어 문질러 씻어 받은 물이다. 전분이 녹아 있어 국물로 쓰면 구수한 맛을 더해준다.

두부전골

조자호의 〈조선 요리법〉에 소개된 방식으로 끓인 두부전골. 지진 두부 두 쪽 사이에 쇠고기 다진 것을 넣어 다시 지진 다음 갖은 채소와 버섯을 넣고 전골을 끓인다. 음력 오뉴월 삼복에는 두부가 상하기 쉬우므로 주로 가을과 겨울에 만들어 먹는다. 장국상에 찜 대신 올리기도 하고, 연회상에는 술안주로 올린다. 고기가 적게 들어가 맛이 담백하고 산뜻하다.

두부 430g
쇠고기 200g
달걀 2개
미나리 100g
숙주 100g
당근 50g
표고버섯 20g
느타리버섯 100g
석이버섯 5g
생죽순 1개
홍고추 1개
대파(흰 부분) 20g
녹말 조금
소금 조금
식용유 1/2컵

양념
집간장 1큰술
설탕 1/2큰술
다진파 1작은술
다진마늘 2작은술
참기름 1작은술
깨소금 1/2작은술
후춧가루 조금

양지머리 국물
양지머리 육수 4컵
집간장 1/2큰술
소금 조금
후춧가루 조금

기타
(미나리와 숙주, 당근 데칠 때) 소금
(황백 지단) 소금
후춧가루
(생죽순 삶을 때) 쌀뜨물

1 쇠고기 준비하기
① 쇠고기 100g은 5cm 길이로 잘라 고깃결대로 곱게 채 썰어 핏물을 닦아내고 양념한다.
② 나머지 쇠고기는 곱게 다져 핏물을 닦아내고 양념해 점성이 생길 정도로 치댄다.

2 두부와 쇠고기 맞붙이기
① 두부는 너비 2.5cm, 길이 4cm, 두께 0.5cm로 썬다.
② 두부에 녹말을 묻히고 여분의 가루를 털어낸 다음 기름을 두른 팬에 올려 한쪽만 지진다.
③ 지진 쪽에 다진 쇠고기를 붙이고 그 위에 지진 두부 한 장을 다시 붙인다. 마찬가지로 두부의 지진 쪽이 쇠고기와 닿도록 한다.
④ 다시 기름을 두른 팬에 올려 살짝 지진다. 두부의 옆쪽도 돌려가며 지진다.

3 표고버섯 채 썰어 볶기
① 표고버섯을 물에 불려 기둥을 떼어내고 물기를 짠다.
② 갓이 두꺼우면 3~4장으로 포 뜨듯이 얇게 저민다.
③ 곱게 채 썰어 볶으면서 양념한다.

4 느타리버섯 다듬어 볶기
① 느타리버섯은 물에 가볍게 흔들어 씻어 물기를 짠 다음 곱게 찢는다.
② 볶으면서 양념한다.

5 석이버섯 채 썰기
① 석이버섯은 뜨거운 물에 불려 손바닥으로 문질러 씻어 이끼와 배꼽을 떼고 물기를 닦는다.
② 돌돌 말아 곱게 채 썬 다음 마른 팬에 약불로 볶는다.

6   **생죽순 벗겨 손질하기**

① 죽순 껍질을 위쪽에서 1/3 정도 되는 지점까지 사선으로 자른다.

② 안쪽 죽순에 닿지 않도록 껍질 부분에만 세로로 길게 칼집을 넣는다.
칼집 부분을 조심스럽게 양쪽으로 벌려 껍질을 벗겨낸다.

③ 죽순은 속뜨물에 삶아 아린 맛을 우려낸다.

④ 반으로 갈라 3cm 길이로 자른 다음 빗살 모양으로 썬다.

7   **미나리 준비하기**

① 미나리는 깨끗이 씻어 줄기만 골라 끓는 소금물에 살짝 데친 다음
찬물에 헹궈 물기를 짠다.

② 데친 미나리의 절반은 5cm 길이로 자른다.

③ 나머지 절반은 줄기 5~6개를 꼬챙이에 가지런히 꿰어 밀가루를 묻히고
여분의 가루를 털어낸 다음 달걀물을 씌워 부친다.

④ 꼬챙이를 빼고 마름모꼴로 썰어 미나리초대를 준비한다.

8   **숙주와 당근 데치기**

① 숙주는 머리와 꼬리를 떼고 소금물에 살짝 데쳐 헹군 다음 꼭 짜서
양념한다.

② 당근은 5cm 길이로 채 썰어 소금물에 살짝 데쳐 볶는다.

9   **홍고추와 대파 채 썰기**

① 홍고추는 반을 갈라 씨를 빼고 5cm 길이로 잘라 채 썬다.

② 대파는 흰 부분만 5cm 길이로 잘라 채 썬다.

10   **달걀 고명 만들기**

① 달걀은 노른자와 흰자를 분리해 각각 소금과 후춧가루를 조금 넣고
잘 푼다.

② 황백 지단을 부쳐 각각 마름모꼴로 썬다.

11   **양지머리 국물 끓이기**

양지머리 육수를 끓여 집간장과 소금, 후춧가루로 간을 맞춘다. 집간장은 색을 낼 정도만 넣고 소금으로 간을 맞춘다.

12   **전골 끓이기**

① 전골냄비 바닥에 쇠고기채를 깐다.

② 위에 두부와 각종 버섯, 미나리, 당근, 숙주, 채 썬 파와 홍고추를 색스럽게 담는다.

③ 황백 지단과 미나리초대를 고명으로 얹고 불에 올려 양지머리 국물을 붓고 끓인다.

도움말

· 두부 두 쪽을 맞붙여 지져서 쓰는 대신 냄비에 지진 두부와 고기를 번갈아 놓고 끓여도 된다.
· 두부의 지진 부분이 마르면 다진 쇠고기가 잘 붙지 않는다. 먼저 쇠고기를 다져 준비해 놓고 두부를 지지는 대로 바로 붙인다.
· 통조림 죽순을 쓸 경우에는 먼저 살짝 데쳐 찬물에 헹군다.

조개관자전골

키조개 관자와 쇠고기를 넣고 끓인 전골. 관자는 조개껍데기를 닫기 위해 조개 내부에 단단하게 붙어 있는 질긴 근육으로, 특히 키조개의 관자는 크기가 커서 오래전부터 고급 식재료로 썼다. 패주라고도 부른다.

조개관자 350g
쇠고기 200g
불린 해삼 70g
전복 100g
당근 70g
양파 150g
미나리 100g
표고버섯 20g
홍고추 5g
잣 1작은술

양념
집간장 2큰술
설탕 1큰술
다진파 1작은술
다진마늘 1/2작은술
생강즙 1/4작은술
참기름 1작은술
깨소금 1/2작은술
후춧가루 조금

양지머리 국물
양지머리 200g
양파 1/4개
대파 1대
생강편 2쪽
마늘 2쪽
청장 1큰술
후춧가루 조금

기타
(전복 손질) 굵은소금
(당근과 미나리 전처리) 소금

1 조개관자 손질하기
① 조개관자는 내장을 떼어내고 겉의 얇은 막을 벗긴다.
② 잘 씻어 물기를 닦아내고 네 쪽으로 썰어 양념한다.

2 쇠고기 채 썰어 양념하기
① 쇠고기는 5cm 길이로 잘라 고깃결대로 채 썰어 핏물을 닦아낸다.
② 양념을 넣고 고루 버무린다.

3 양지머리 국물 끓이기
① 찬물에 양지머리를 담가 핏물을 뺀다.
② 냄비의 물이 끓으면 양지머리와 양파, 대파, 마늘, 생강을 넣고 삶는다.
③ 고기가 무르면 건져낸다. 국물은 식혀 기름기를 걷어내고 청장과
   후춧가루로 간을 맞춰 양지머리 국물을 만든다.

4 해삼과 전복 손질하기
① 전복은 솔에 굵은소금을 묻혀 문질러 검은 것이 남아 있지 않게
   깨끗이 닦는다. 전복의 너울가지와 내장, 이빨을 떼어낸다. 넓게 저며
   너비 2cm, 길이 5cm로 썰어 양념한다.
② 불린 해삼을 5cm 길이로 잘라 굵게 채 썰어 양념한다.

5 채소 채 썰어 준비하기
① 표고버섯은 불려 기둥을 떼어내고 물기를 짠 다음 2cm 굵기로 썬다.
② 당근은 5cm 길이로 잘라 굵게 채 썰어 소금을 넣고 살짝 데친다.
③ 양파는 굵게 채 썬다.
④ 미나리는 줄기만 골라 5cm 길이로 썰어 소금에 살짝 절였다가 짠다.
⑤ 홍고추는 반을 갈라 씨를 털어내고 5cm 길이로 잘라 채 썬다.

6 전골냄비에 담기
① 전골냄비에 준비한 재료를 색 맞추어 담고 잣을 뿌린다.
② 불에 올려 양지머리 국물 2컵을 붓고 끓인다.

도움말

· 전복의 너울가지는 전복 아래쪽의 너울거리는 부위로, 먹을 수 있지만 곱게 채 썰기 위해 여기에서는 정리한다.
· 미나리는 소금에 절이는 대신 소금물에 데쳐 써도 된다.
· 불린 해삼 70g이 필요하면 건해삼 3~4개를 불려 준비한다. 건해삼은 삶은 물에 그대로 담가 하룻밤 불려
  내장을 빼낸다. 그래도 해삼이 부드럽지 않으면 삶고 불리는 과정을 한 번 더 반복한다.

버섯전골

〈삼국사기〉에 버섯에 대한 기록이 있는 것으로 보아 우리나라에서는 아주 오래전부터 버섯을 식재료로 사용했음을 알 수 있다. 버섯은 특유의 맛과 향, 식감이 있어 다양한 음식에 넣었다. 여기에서 넣은 느타리버섯과 송이버섯, 싸리버섯 외에 다른 버섯을 넣어 버섯전골을 끓여도 된다.

느타리버섯 100g
송이버섯 50g
싸리버섯 150g
쇠고기 300g
미나리 100g
대파(흰 부분) 20g
달걀 1개
밀가루 조금
식용유 1큰술

양념
집간장 3큰술
설탕 1⅓큰술
다진파 1큰술
다진마늘 1/2큰술
생강즙 1/4큰술
참기름 1큰술
깨소금 1/2큰술
후춧가루 조금

양지머리 국물
양지머리 육수 3컵
집간장 1큰술
소금 조금
후춧가루 조금

기타
(버섯 손질) 소금

1 **느타리버섯 준비하기**
① 느타리버섯은 씻어 물기를 꼭 짜고 가늘게 찢는다.
② 팬에 기름을 두르고 볶으면서 양념한다.

2 **송이버섯 손질해 썰기**
① 송이버섯을 소금물에 담가 뿌리에 붙은 모래와 흙을 제거한다.
② 잘 드는 칼로 껍질을 살살 벗긴 다음 얇게 썬다.

3 **싸리버섯 손질해 곱게 찢기**
① 싸리버섯은 소금물에 삶아 찬물에 헹군 다음, 다시 소금물에 담가 하룻밤 우린다.
② 물기를 꼭 짜고 결대로 곱게 찢는다.

4 **쇠고기 채 썰기**
① 쇠고기 250g은 5cm 길이로 잘라 고깃결대로 곱게 채 썬다.
② 핏물을 닦아내고 양념한다.

5 **쇠고기 완자 만들기**
① 남은 쇠고기는 기름을 떼어낸 뒤 곱게 다져 핏물을 닦아내고 양념해서 점성이 생길 정도로 치댄다.
② 지름 1cm 크기로 완자를 빚어 밀가루를 묻히고 여분의 가루를 털어낸 다음 달걀물을 씌운다.
③ 팬에 기름을 넉넉히 두르고 약불에서 굴리면서 지진다.

6 **미나리 준비하기**
미나리는 깨끗이 씻어 잎은 떼어내고 줄기만 골라서 5cm 길이로 썬다.

7 **대파 썰기**
대파는 깨끗이 씻어 흰 부분만 5cm 길이로 잘라 채 썬다.

8   양지머리 국물 만들기

양지머리 육수를 끓여 소금과 집간장, 후춧가루로 간을 맞춘다. 집간장은 색을 낼 정도만 넣고 소금으로 간을 맞춘다.

9   버섯전골 끓이기

① 전골냄비 바닥에 쇠고기채를 깐다.

② 준비한 세 가지 버섯과 미나리, 대파, 완자를 색스럽게 담는다.

③ 불에 올려 양지머리 국물을 붓고 끓인다.

도움말

· 싸리버섯은 싸리비처럼 생겨서 붙은 이름인데, 송이버섯과 같은 시기에 나와 송이싸리버섯이라 부르기도 한다. 여러 가지 색이 있는데 갈색과 보라색 싸리버섯은 독이 없어 삶아서 바로 먹을 수 있다. 붉은색과 노란색 싸리버섯은 삶아 헹군 다음 꼭 소금물에 하룻밤 담가 독을 우려내야 한다.

· 싸리버섯은 먼저 삶은 다음 물에 헹군다. 그러지 않으면 잔뿌리가 거의 다 떨어진다. 삶아서 물에 담가 냉장고에 넣어두면 한 달 정도 저장할 수 있다.

· 이 버섯전골에서는 완자를 쇠고기로만 만들었지만 부드러운 식감을 원하면 두부를 쇠고기와 동량으로 섞는다.

신선로

신선로는 음식 이름인 동시에 그 음식을 담아 끓이는 화통이 달린 용기의 이름이다. '입을 즐겁게 한다' 하여 열구자탕(悅口子湯) 또는 열구지탕(悅口之湯)이라 부르기도 한다. 1750년경에 편찬한 〈소문사설〉에서는 신선로 틀에 대해 다음과 같이 설명했다. "대합과 같은 삶는 그릇을 따로 마련하고 다리 옆에 아궁이를 하나 뚫는다. 대합의 중심에는 통 하나를 세우는데, 덮개 밖으로 높이 솟아 나오게 한다. 덮개 가운데에 구멍을 뚫어 통이 밖으로 나오게 한다. 통 안에 숯을 피우면 바람이 다리 옆의 구멍으로 들어가 불기운이 덮개 바깥 구멍으로 나온다." 언론인 이규태는 칼럼에서 "한 그릇에 갖가지 다른 음식을 화합시킨 것을 나누어 먹는다는 의미에서 서로 다른 의견, 생각들을 합하고 앞으로의 약속이나 계약을 다지는 음식이다"라고 썼다.

양지머리 300g
쇠고기 200g
등골 1/2보
처녑 100g
쇠간 100g
생선(은대구 또는 민어) 200g
불린 해삼 100g
전복 100g
달걀 5개
무 200g
당근 100g
미나리 100g
두부 30g
표고버섯 20g
느타리버섯 150g
석이버섯 가루 1작은술
밀가루 1/2컵
메밀가루 1/3컵
은행 1/2컵
호두 6개
잣 1/4컵
물 6컵
식용유 1/2컵

양념
집간장 1큰술
설탕 1작은술
다진파 1큰술
다진마늘 2작은술
생강즙 1작은술
참기름 1큰술
깨소금 2작은술
후춧가루 조금

양지머리 국물 양념
집간장 1큰술
소금 조금
후춧가루 조금

1 달걀물 만들기
달걀 3개에 소금과 후춧가루를 조금 넣고 잘 풀어 달걀물을 만든다.

2 처녑 손질해 전 부치기
① 처녑은 낱장으로 떼어 소금과 밀가루로 주물러 깨끗이 씻는다.
② 끓는 물에 살짝 데친 후 손으로 비벼 표면의 검은 것을 제거한다.
③ 넓게 펼친 다음 오그라들지 않게 가장자리에 잔칼질을 해서 소금과 후춧가루로 밑간한다.
④ 처녑에 밀가루를 묻히고 여분의 가루를 털어낸 다음 달걀물을 씌워 전을 부친다.
⑤ 너비 2cm, 길이는 신선로 틀보다 조금 짧게 썬다.

3 쇠간 손질해 전 부치기
① 간은 굵은소금을 겉면에 비벼 막을 제거하고 얇게 저민다.
② 우유에 잠깐 담가 비린내를 제거한 다음 건져 체에 받쳐 우유를 제거하고 소금과 후춧가루로 밑간한다.
③ 메밀가루를 묻히고 여분의 가루를 털어낸 다음 약불에서 전을 부친다.
④ 너비 2cm, 길이는 신선로 틀보다 조금 짧게 썬다.

4 생선 포 떠서 전 부치기
① 생선은 깨끗이 씻어 얇게 포를 뜬다. 소금물에 잠깐 담갔다가 꺼내 물기를 말린 다음 후춧가루를 살짝 뿌려둔다.
② 밀가루를 묻히고 여분의 가루를 털어낸 다음 달걀물을 씌워 부친다.
③ 너비 2cm, 길이는 신선로 틀보다 조금 짧게 썬다.

5 등골 손질해 전 부치기
① 등골은 넓게 펴서 피를 닦아내고 오그라들지 않게 잔칼질을 한다.
② 소금과 후춧가루를 살짝 뿌려 밑간을 한다.
③ 등골에 밀가루를 묻히고 여분의 가루를 털어낸 다음 달걀물을 씌워 약불에서 전을 부친다.
④ 너비 2cm, 길이는 신선로 틀보다 조금 짧게 썬다.

6 섭산적과 완자 만들기
① 쇠고기는 살코기만 곱게 다져 핏물을 닦아내고 양념한다.
② 두부는 굵은체에 내려 으깬 다음 면 보자기에 싸서 물기를 짜내고 소금과 후춧가루, 참기름을 조금 넣어 섞는다.

기타
(달걀물) 소금
후춧가루
(처녑 손질) 굵은소금
밀가루
(처녑, 간, 생선, 등골 밑간) 소금
후춧가루
(간 손질) 굵은소금
우유 2컵
(두부 양념) 소금
후춧가루
참기름
(황백 지단) 소금
후춧가루
(석이버섯 가루 불릴 때) 참기름 1/2작은술
뜨거운 물 1/2작은술
(전복 손질) 굵은소금
(당근, 호두 전처리) 소금

③ 쇠고기와 두부는 잘 섞어 점성이 생길 정도로 치댄다.

④ 3/4 분량은 동글납작하게 빚어 기름에 지져 섭산적을 만든다.

⑤ 나머지는 지름 1cm 크기로 완자를 빚어 밀가루를 묻히고 여분의 가루를 털어낸 다음 달걀물을 씌워 팬에 굴리면서 약불로 지진다.

7 양지머리와 무 삶고 국물 만들기

① 찬물에 양지머리를 담가 핏물을 뺀다.

② 냄비에 물을 붓고 물이 끓으면 양지머리와 무를 넣고 삶는다.

③ 무가 무르면 건져 너비 2cm, 길이 5cm의 골패 모양으로 썰어 양념한다.

④ 양지머리는 계속 삶다가 푹 무르면 건져 무와 같은 크기로 썰어 양념한다.

⑤ 육수는 식혀 기름기를 걷어내고 집간장과 소금, 후춧가루로 간을 맞춰 양지머리 국물을 만든다.

8 미나리초대 만들고 당근 볶기

① 미나리는 깨끗이 씻어 줄기만 골라 데친다.

② 미나리 줄기를 5~6개 꼬챙이에 가지런히 꿰어 밀가루를 묻히고 여분의 가루를 털어낸 다음 달걀물을 씌워 팬에 부친다.
꼬챙이를 빼고 너비 2cm, 길이는 신선로 틀보다 조금 짧게 썬다.

③ 당근은 너비 2cm, 길이는 신선로 틀보다 조금 짧게 썬다. 소금물에 데친 다음 헹궈 물을 짜내고 볶으면서 양념한다.

9 삼색 지단 부치기

① 달걀 2개는 노른자와 흰자를 분리해 각각 소금과 후춧가루를 조금 넣고 잘 풀어놓는다.

② 석이버섯 가루에 참기름과 뜨거운 물을 각각 1/2작은술 넣어 잘 섞어 불린 다음 중간체에 내린다. 풀어놓은 흰자를 둘로 나누어 그중 하나에만 석이버섯 내린 것을 넣고 고루 섞는다.

③ 황백 지단과 석이버섯 지단, 이렇게 세 가지 색 지단을 부쳐 너비 2cm, 길이는 신선로 틀보다 조금 짧게 썬다.

10 전복 손질해 준비하기

① 전복은 솔에 굵은소금을 묻혀 문질러 검은 것이 남아 있지 않게 깨끗이 닦는다.

② 김이 오르는 찜통에 올려 살짝 찐 다음 껍데기를 떼고 내장과 오돌가지, 이빨을 제거한다.

③ 넓게 저며 너비 2cm, 길이는 신선로 틀보다 조금 짧게 썰어 볶으면서 양념한다.

11 **해삼 썰어 볶기**

불린 해삼은 너비 2cm, 길이는 신선로 틀보다 조금 짧게 썰어 볶으면서 양념한다.

12 **두 가지 버섯 손질해 볶기**

① 표고버섯은 불려 기둥을 떼어내고 물기를 짠다. 너비 2cm, 길이는 다른 재료와 같게 썰어 볶으면서 양념한다.

② 느타리버섯은 데쳐 칼집을 넣어 넓게 펼쳐서 너비 2cm, 길이는 다른 재료와 같게 썬다. 볶으면서 양념한다.

13 **은행과 호두 손질하기**

① 팬에 소금물을 조금 붓고 끓으면 은행을 넣는다. 국자 밑바닥으로 은행을 굴려 껍질을 벗긴다. 다 벗겨지면 찬물에 헹궈 건진다.

② 호두는 따뜻한 물에 담가 꼬챙이로 껍질을 벗긴다.

14 **신선로 꾸미기**

① 표고버섯과 등골전, 황지단, 느타리버섯, 전복, 백지단, 간전, 처녑전, 미나리초대, 해삼, 당근, 생선전, 석이버섯 지단 순으로 꼬치에 끼운다. 꼬치에 끼우면 용기에 담을 때 가지런히 놓기 편하다.

② 신선로 틀 바닥에 양념한 무와 양지머리를 깔고 그 위에 섭산적과 남은 재료를 반듯하게 썰어 고루 놓는다.

③ 그 위에 재료를 꿴 꼬치를 한 개씩 올린다. 올릴 때마다 재료를 조금씩 펴서 간격을 조절하며 돌려 담는다.

④ 호두와 잣, 은행, 완자를 올려 장식한다.

⑤ 양지머리 국물을 붓고 가운데 화통에 숯불을 넣은 다음 뚜껑을 닫아 상에 낸다.

도움말

· 쇠간은 우유에 담갔다가 메밀가루를 묻혀 전을 부치면 특유의 냄새가 나지 않는다. 이때는 달걀물을 씌우지 않는다.
· 생선전은 소금을 뿌리면 간이 골고루 배지 않을 수 있으므로 소금물에 잠깐 담갔다가 건지는 것이 좋다. 물 1컵에 소금 1큰술을 넣어 녹여 간간한 소금물을 만들어 쓴다.
· 전복의 너울가지는 전복 아래쪽의 너울거리는 부위로, 먹을 수 있지만 곱게 썰기 위해 여기에서는 정리한다.
· 불린 해삼 100g이 필요하면 크기에 따라 다르지만 건해삼 4~6개를 불려 준비한다. 건해삼은 삶아 그 물에 그대로 담가 하룻밤 불려 내장을 빼낸다. 그래도 해삼이 부드럽지 않으면 한 번 더 삶고 불리는 과정을 반복한다. 해삼을 불릴 때 기름기가 닿으면 잘 붙지 않으므로 닿지 않도록 조심한다.

사태찜

쩜은 재료를 큼직하게 썰어 양념해 뭉근한 불에서 오래 끓여 무르게 익히는 대표적인 전통 조리법이다.
사태찜은 사태 중 최고인 아롱사태로 만드는데, 고기의 아롱아롱한 무늬가 아름다워 아롱사태라는 이름이
붙었다. 고기의 색이 진하고 근육의 결이 굵고 단단하다.

아롱사태 1.2kg
양파 200g
밤 200g
당근 150g
표고버섯 30g
대추 20개
은행 70g
달걀 1개

양념
집간장 4큰술(집진간장 3큰술)
꿀 2큰술
다진파 2큰술
다진마늘 1½큰술
생강즙 2큰술
배즙 1/2컵
참기름 1큰술
깨소금 1작은술
후춧가루 1작은술

기타
(사태 삶을 때) 물, 양파 1개
(은행 손질) 소금
(황백 지단) 소금
후춧가루

1 **사태 삶고 국물 끓이기**
① 아롱사태는 찬물에 30~40분 담가 핏물을 뺀다.
② 냄비에 핏물 뺀 사태와 네 쪽으로 자른 양파를 같이 넣고 물을
  자작하게 붓는다. 센불로 끓이다가 겉면이 익으면 사태와 양파를
  건진다. 끓일 때 생긴 거품은 걷어낸다.
③ 사태의 기름을 떼어내고 사방 4cm 크기로 썬다.
④ 사태 삶은 육수는 식혀 기름과 피 찌꺼기를 걷어낸다.

2 **버섯과 당근, 견과 준비하기**
① 표고버섯은 물에 불려 기둥을 떼어내고 갓은 물기를 짠 다음 은행잎
  모양으로 3~4쪽으로 자른다.
② 은행은 살짝 볶거나 소금물에 삶아 껍질을 벗긴다.
③ 밤은 겉껍질과 보늬를 벗긴다.
④ 대추는 깨끗이 씻어 물기를 닦아낸다.
⑤ 당근은 껍질을 벗기고 씻어 작은 밤 크기로 썬 다음 모서리를 둥글게
  다듬는다.

3 **냄비에 찜 재료 안치기**
① 재료를 모두 섞어 양념을 만든다.
② 바닥이 두꺼운 냄비에 사태 도막을 한 개씩 양념에 버무려 한 켜 깐다.
③ 표고버섯과 당근, 밤, 대추, 은행을 섞어 사태 위에 한 켜 올린다.
④ 다시 사태 도막을 한 개씩 양념에 버무려 한 켜 올리고 그 위에 버섯과
  당근 등을 한 켜 깐다. 재료가 남으면 한 번 더 번갈아 올린다.

4 **국물 부어 조리기**
① 사태 육수에 양념 남은 것을 모두 넣어 냄비에 붓는다. 뚜껑을 닫고
  중불로 끓인다.
② 끓이면서 가끔씩 위아래를 섞어 뒤집는다.
③ 국물이 거의 졸고 젓가락으로 고기를 찔러보아 잘 들어가면 불에서
  내린다.

5 **그릇에 담고 황백 지단 올리기**
① 달걀은 노른자와 흰자를 분리해 각각 소금과 후춧가루를 조금 넣고
  잘 풀어 황백 지단으로 부쳐 마름모꼴로 썬다.
② 그릇에 사태찜을 담고 황백 지단 고명을 얹는다.

도움말

· 고기를 삶을 때 처음부터 양파를 넣으면 누린내를 없앨 수 있다. 다만 양파를 넣은 육수는 뿌옇다.

영
계
찜

영계찜은 음력 5, 6월 초여름에 먹는 별미다. 부화한 지 6~13주 된 닭을 영계라 부르는데 평균적으로
500~600g이다. 〈음식디미방〉과 〈규합총서〉 〈시의전서〉 등에 연계찜으로 나오는데 '고기가 연한 닭'으로
만든다.

영계 3마리
쇠고기 300g
숙주 200g
표고버섯 20g
녹두 녹말 3큰술

고명
달걀 2개
석이버섯 5g

양념
집간장 2큰술
설탕 1큰술
다진파 2큰술
다진마늘 2큰술
참기름 1큰술
깨소금 1/2큰술
후춧가루 조금

기타
(황백 지단) 소금
후춧가루

1   **영계 손질하기**
    닭은 물에 담가 피를 빼고 깨끗이 씻어 배 안쪽의 핏덩어리와 지방을
    제거하고 날개 끝과 꽁지의 지방을 잘라낸다. 다시 깨끗이 씻는다.

2   **쇠고기와 숙주, 표고버섯 준비하기**
    ① 쇠고기는 곱게 다져 핏물을 닦아내고 양념한다.
    ② 숙주는 머리와 뿌리를 떼어내고 끓는 물에 살짝 데쳐 찬물에 헹궈
      건져 물기를 짠다. 길면 짧게 자른다.
    ③ 표고버섯은 불려 기둥을 떼어내고 물기를 짠다. 갓이 두꺼우면
      3~4장으로 포 뜨듯이 얇게 저며 짧고 곱게 채 썬다.

3   **석이버섯과 황백 지단 고명 만들기**
    ① 석이버섯은 뜨거운 물에 불려 손바닥으로 문질러 씻어 이끼와 배꼽을
      떼고 물기를 닦아 돌돌 말아 채 썬다.
    ② 달걀은 노른자와 흰자를 분리해 각각 소금과 후춧가루를 조금 넣고 잘
      푼다. 황백 지단을 부쳐 각각 곱게 채 썬다.

4   **닭 속에 재료 넣기**
    ① 다진 쇠고기에 숙주와 표고버섯채를 넣고 골고루 섞는다.
    ② 섞은 재료를 닭 배 속에 넣고 빠져나오지 않도록 실로 묶는다.

5   **쇠고기 국물에 닭 넣고 끓이기**
    ① 남은 다진 쇠고기를 냄비에서 약불로 볶다가 물을 붓고 센불로 끓인다.
    ② 국물이 끓으면 닭을 넣고 중불로 줄여 계속 끓인다. 센불로 펄펄
      끓이면 닭 껍질이 벗겨지므로 꼭 불을 줄인다.

6   **닭에 녹두 녹말 묻히고 끓이기**
    ① 다 익으면 닭을 건져 녹말을 묻혀 다시 국물에 넣어 끓인다.
    ② 사기 합에 영계를 한 마리씩 담고 국물을 부은 뒤 황백 지단과
      석이버섯 고명을 얹는다.

도움말

· 석이버섯은 잘게 뜯어 써도 된다.
· 녹두 녹말을 묻히면 닭 표면이 매끄럽고 탄력 있어 보이며 윤기가 난다.
· 닭을 합에 담을 때 국물 분량은 대략 한 마리당 2½컵으로 닭이 잠길 정도로 붓는다.
· 합(盒)은 운두가 높지 않고 둥글넓적하며 뚜껑이 있는 그릇이다.

반가닭찜

닭찜은 주로 궁이나 반가에서 만들어 먹던 음식으로, 녹말을 풀어 넣어 걸쭉하게 만든 국물에 닭 뼈를 발라내고 살코기만 양념해 다시 넣어 끓인다. 먹기 편할 뿐만 아니라 맛이 아주 담백하며 닭고기에 양념과 국물이 배어 식감이 부드럽다.

닭 1.5kg
달걀 2~3개
표고버섯 15g
건목이버섯 5g
석이버섯 5g

고기 양념
소금 1작은술
다진파 2큰술
다진마늘 1큰술
생강즙 1작은술
참기름 1큰술
깨소금 1큰술
후춧가루 조금

국물 양념
소금 1큰술
후춧가루 1/2작은술
녹말 2큰술
물 1/2~1컵

고명
잣 1/2큰술
석이버섯 조금

기타
(닭 밑간) 소금
후춧가루
(닭 삶을 때) 대파(흰 부분) 100g
생강편 10g
(달걀 줄알 칠 때) 소금
후춧가루

1 **닭 손질하기**
① 닭은 깨끗이 씻어 배를 갈라 핏덩어리와 지방을 제거하고 날개 끝과 꽁지의 지방을 잘라낸 다음 30분 정도 찬물에 담가 피를 빼고 다시 깨끗이 씻는다.
② 소금과 후춧가루를 뿌려 밑간한다.

2 **닭 삶아서 양념하기**
① 냄비에 닭을 넣고 잠길 정도로 물을 부어 대파의 흰 부분과 생강을 넣고 삶는다.
② 닭이 익으면 건져 뼈와 껍질을 발라내고 살코기만 굵직하게 뜯은 후 고기 양념 재료를 모두 섞어 재운다.
③ 국물은 식혀 기름을 걷어내고 고운체에 밭친다.

3 **세 가지 버섯 준비하기**
① 표고버섯은 불려 기둥을 떼어내고 물기를 짠 다음, 갓을 은행잎 모양으로 썬다.
② 건목이버섯은 따뜻한 물에 불려 작게 뜯어놓는다.
③ 석이버섯은 뜨거운 물에 불려 손바닥으로 문질러 씻어 이끼와 배꼽을 떼고 물기를 닦는다. 돌돌 말아 곱게 채 썰어 마른 팬에 약불로 볶는다.

4 **닭 육수 걸쭉하게 만들기**
① 녹말을 물 1/2~1컵에 잘 풀어놓는다.
② 닭 육수를 끓여 소금과 후춧가루로 간을 하고 표고버섯을 넣어 다시 끓인다.
③ 국물이 끓으면 나무 주걱으로 계속 저으면서 녹말물을 조금씩 흘려 넣는다.
④ 국물이 걸쭉해지면 목이버섯을 넣고 끓인다.
⑤ 달걀에 소금과 후춧가루를 넣고 잘 풀어서 끓는 국물에 흘려 넣어 줄알을 친다.

5 **그릇에 담기**
① 양념한 닭고기를 큰 그릇에 담고 국물을 자박하게 붓는다. 줄알 친 달걀이 닭고기 위로 얹히도록 한다.
② 석이버섯채와 잣으로 장식한다.

도움말

· 닭 육수는 4~5컵이 적당하다. 국물이 너무 많을 때는 오래 끓여 국물을 졸인다.
· 표고버섯의 갓이 두꺼우면 넓게 저민 다음 은행잎 모양으로 썬다.
· 찜이므로 그릇에 담을 때는 건더기가 조금 잠길 정도로만 국물을 붓는다.

오징어순대

강원도 지방의 향토 음식으로, 순대처럼 오징어 속을 소로 채워 오징어순대라 부른다. 반드시 오징어 몸통을 군데군데 바늘로 찔러 숨구멍을 내야 순대의 소가 팽창해도 터지지 않고 가열할 때 생긴 수분이 밖으로 흘러나온다.

오징어 4마리
두부 200g
쇠고기 200g
달걀 2개
숙주 150g
풋고추 4개
홍고추 1개
양파 200g
찹쌀 1컵
녹말 조금

순대 양념
소금 2작은술
다진파 1작은술
다진마늘 1작은술
참기름 1작은술
깨소금 1작은술
후춧가루 1/4작은술

양념
집간장 2작은술
설탕 1작은술
다진파 2작은술
다진마늘 2작은술
참기름 2작은술
깨소금 1작은술
후춧가루 조금

기타
(두부 양념) 소금
후춧가루
참기름
(달걀물) 소금
후춧가루

1 오징어 손질하기
① 오징어는 다리를 분리하고, 내장을 떼어낸 후 깨끗이 씻는다.
② 오징어 다리는 살짝 삶아서 잘게 썬다.

2 두부와 쇠고기 양념하기
① 두부는 굵은체에 내려 으깬 다음 면 보자기에 싸서 물기를 짜내고 소금과 후춧가루, 참기름을 조금 넣어 섞는다.
② 쇠고기는 살코기만 곱게 다져 핏물을 닦아내고 양념해서 볶는다.

3 순대 소 준비하기
① 찹쌀을 씻어 물에 불린 다음 찜통에 찌거나 밥솥에 안쳐 밥을 한다.
② 양파는 곱게 다져 볶은 다음 물기를 짠다.
③ 숙주는 삶아 찬물에 헹궈 물기를 짠 다음 송송 썰어 양념한다.
④ 풋고추와 홍고추는 반을 갈라 씨를 빼고 다진다.

4 오징어순대 소 넣기
① 달걀은 소금과 후춧가루를 조금 넣고 잘 풀어 달걀물을 만든다.
② 오징어 다리 썬 것과 준비한 소 재료에 녹말을 뿌려가며 고루 섞은 후 순대 양념을 넣고 버무린다. 달걀물을 넣어 끈기가 생기게 하는데, 된 정도를 확인하면서 달걀물의 양을 조절한다.
③ 오징어 안쪽에 밀가루를 바르고 순대 소를 골고루 꼭꼭 박아 넣는다.
④ 소가 빠져나오지 않도록 오징어 밑 쪽을 꼬챙이로 꿰어 고정한다.

5 오징어순대 찌기
① 바늘로 오징어 몸통을 군데군데 찔러 숨구멍을 낸다.
② 김이 오르는 찜통에 오징어를 올려 살짝 찐다.
③ 식은 다음 통으로 동그랗게 썬다.

도움말

· 오징어는 작은 것을 골라야 썰기 쉽고 썬 다음에도 소가 흩어지지 않는다.
· 양파와 숙주 외에 당근채를 볶아 소로 넣기도 한다.
· 찰밥을 넣어야 소가 풀어지지 않는다.
· 오래 찌면 질기고 맛이 없으므로 살짝만 찐다.
· 오징어순대는 썰어서 그대로 상에 올려도 되지만, 옆면에 밀가루를 묻히고 달걀물을 씌워 기름에 지져 올려도 좋다.

무
찜

개성 지방의 향토 음식으로, 돼지고기 대신 쇠고기나 닭고기를 넣기도 한다. 국물이 천천히 졸아들 때까지 약불에서 오래 끓여야 음식 전체에 무의 단맛이 배어 맛있다.

무 1kg
돼지고기 300g
은행 35g
밤 8개
대추 8개
잣 1큰술
소금 조금

양념
집간장 2작은술
다진파 2큰술
다진마늘 1큰술
참기름 2큰술
깨소금 1큰술
생강즙 2작은술
설탕 조금
후춧가루 조금

기타
(은행 손질) 소금
(황백 지단) 소금
후춧가루

1 **돼지고기 양념하기**
① 돼지고기는 살코기를 골라 얇게 저며 피를 닦아낸다.
② 양념에 버무려 잠시 재워둔다.

2 **무 준비하기**
① 무는 깨끗이 씻어 길이 4~5cm로 잘라 가로세로 1×1cm 두께의
막대 모양으로 썬다.
② 양념에 버무려 잠시 재워둔다.

3 **부재료 준비하기**
① 은행은 기름 두른 팬에 소금을 조금 넣고 파랗게 볶아 마른행주로 비벼
껍질을 벗긴다.
② 밤은 겉껍질과 보늬를 벗겨 씻는다.
③ 대추는 씻어 물기를 닦아내고 도톰하게 돌려 깎아 씨를 빼고 돌돌
만다.
④ 잣은 고깔을 떼고 마른행주로 닦는다.

4 **무찜 안치기**
① 바닥이 두꺼운 냄비에 고기를 넣어 볶다가 고기가 익으면 무와 은행,
밤, 대추, 잣을 넣는다. 은행과 잣은 고명용으로 조금 남겨둔다.
② 물을 자작하게 부어 센불로 끓이다가 끓기 시작하면 재료끼리 서로
어우러지도록 약불로 줄인다. 소금으로 간을 맞춘다.

5 **황백 지단 부치기**
① 달걀은 노른자와 흰자를 분리해 각각 소금과 후춧가루를 조금 넣고 잘
풀어놓는다.
② 황백 지단을 부쳐 각각 마름모꼴로 썬다.

6 **그릇에 담아 고명 올리기**
그릇에 무찜을 담고 황백 지단과 은행, 잣을 색스럽게 올린다.

가
지
찜

가지에 칼집을 내고 그 사이에 양념한 쇠고기를 채워서 양지머리 국물에 넣어 끓이는 음식.
〈음식디미방〉에 나오는 가지찜은 가지를 장과 기름, 밀가루, 파, 후추, 천초로 양념한 뒤 솥에서 중탕으로 쪘다.
가지는 신라시대부터 우리나라에서 재배되어 오래전부터 나물이나 찜, 선, 김치로 만들어 먹었다.

가지 300g
쇠고기 100g
대파(흰 부분) 20g
실고추 1g

고기 양념
고추장 1큰술
집간장 1/2작은술
설탕 1작은술
다진파 2작은술
다진마늘 1작은술
생강즙 1/2작은술
참기름 2작은술
깨소금 2작은술
후춧가루 조금

양지머리 국물
양지머리 육수 1~1½컵
집간장 1/2작은술
소금 조금
후춧가루 조금

고명
달걀 1개
잣가루 조금

기타
(가지 절일 때) 소금
(황백 지단) 소금
후춧가루

1 **가지에 칼집 넣고 절이기**
① 가지는 가는 것을 골라 깨끗이 씻어 두 도막으로 자른다.
② 도막 낸 가지의 양쪽 끝을 1cm 정도씩 남기고 칼집을 길게 세 번
넣는다.
③ 소금물을 간간하게 타서 가지를 살짝 절인다.

2 **쇠고기소 만들기**
① 쇠고기는 살코기만 곱게 다져 핏물을 닦아내고 양념한다.
② 양념한 고기에 실고추를 넣고 고루 섞는다. 점성이 생길 정도로 치댄다.

3 **가지에 쇠고기소 넣기**
① 절인 가지의 물기를 꼭 짜내고 칼집마다 쇠고기소를 넣는다. 소가 가지
밖으로 튀어나오지 않도록 한다.
② 손으로 가지를 살짝 쥐어 소가 잘 붙게 한다.

4 **황백 지단과 파 준비하기**
① 대파는 잎 부분만 5cm로 잘라 길이로 굵직하게 채 썬다.
② 달걀은 노른자와 흰자를 분리해 각각 소금과 후춧가루를 조금 넣고 잘
풀어 황백 지단으로 부쳐 골패 모양으로 썬다.

5 **양지머리 국물에 가지 찌기**
① 양지머리 육수에 소금과 집간장, 후춧가루를 넣고 간을 해서 국물을
만든다.
② 냄비 바닥에 대파채를 깔고 가지를 가지런히 담는다.
③ 국물을 붓고 뚜껑을 덮어 약불에서 뭉근하게 끓인다.

6 **가지찜 그릇에 담기**
그릇에 가지를 담아 황백 지단을 얹고 잣가루를 뿌린다.

도움말

· 지름 3cm, 길이 12~14cm 정도 되는 조선가지가 적당하다.
· 가지의 칼집은 가운데에서 서로 만날 정도의 깊이로 넣는다. 가지를 관통하면 안 된다.
· 가지를 절이는 소금물은 물 1컵에 소금 1큰술 정도로 간간하게 탄다.

호박문주

〈시의전서〉에 소개된 음식이다. 그 책에서는 주먹만 한 어린 호박으로 만들었는데, 여기서는 작은 단호박으로 만들었다. 찜처럼 국물이 자작하게 만들면 술안주로도 적합하다.

작은 단호박 3개
쇠고기 150g
표고버섯 40g
달걀 2개
찹쌀가루 3/4컵

양념
집진간장 1작은술
다진파 1작은술
다진마늘 1작은술
생강즙 조금
참기름 1작은술
깨소금 1작은술
후춧가루 조금

기타
(달걀물) 소금
후춧가루

1 **단호박 손질하기**

① 사과만 한 크기의 작은 단호박을 골라 깨끗이 씻어 물기를 닦는다.

② 꼭지 쪽을 지름 4~5cm 크기로 둥글게 도려낸다. 나중에 뚜껑으로 쓴다.

③ 단호박의 씨를 빼내고 안쪽을 깨끗이 긁어낸다.

2 **쇠고기와 표고버섯 채 썰기**

① 쇠고기는 2~3cm 길이로 잘라 고깃결대로 곱게 채 썰어 핏물을 닦아내고 양념한다.

② 표고버섯은 불려 기둥을 떼어내고 물기를 짠다. 갓이 두꺼우면 3~4장으로 포 뜨듯이 얇게 저며 2~3cm 길이로 곱게 채 썰어 양념한다.

③ 쇠고기채와 표고버섯채를 고루 잘 섞는다.

3 **소 만들기**

① 달걀에 소금과 후춧가루를 조금 넣고 잘 풀어 달걀물을 만든다.

② 쇠고기채와 표고버섯채 섞은 것에 달걀물을 넣고 잘 섞는다.

③ 찹쌀가루를 뿌려 고루 잘 섞어 뭉친다. 찹쌀가루는 소가 뭉쳐질 정도로 넣는다.

④ 소를 셋으로 나누어놓는다.

4 **호박에 소 넣고 찌기**

① 소를 단호박 안에 채우고 도려낸 호박 꼭지를 뚜껑처럼 덮어 양푼에 담는다.

② 김이 오르는 찜통에 양푼째로 올려 찐다. 단호박에 젓가락이 부드럽게 들어가면 다 익은 것이다.

5 **그릇에 담기**

① 식은 다음 단호박과 소를 같이 자른다.

② 양푼에 고인 호박 국물을 호박문주에 끼얹는다.

도움말

· 단호박이 너무 크거나 소의 반죽이 질면 잘 익지 않는다. 300g 이하의 미니 단호박을 고른다.

· 상에 낼 때는 초간장을 곁들인다. 초간장은 집간장에 설탕과 식초를 섞은 뒤 잣가루를 뿌려 만든다.

떡볶이

전통적인 떡볶이는 고추장이 아니라 집간장을 넣어 만드는데, 흰떡과 쇠고기, 갖은 채소가 어우러져 영양이 풍부한 음식이다. 1896년에 출간된 〈규곤요람〉에는 떡볶이 만드는 법이 상세히 나오는데 전복과 해삼을 무르게 삶아 가래떡, 녹말, 후춧가루, 기름, 석이버섯채 등 여러 가지 재료를 넣고 국물이 자작자작하게 만들었다. 떡볶이에 고추장이 들어가기 시작한 것은 1950년대 이후로 추정된다.

가래떡 400g
쇠고기 200g
달걀 1개
양파 150g
당근 150g
숙주 80g
애호박오가리 30g
표고버섯 15g
석이버섯 조금
양지머리 육수 1컵

고기 양념
집간장 1½큰술
설탕 1큰술
다진파 1큰술
다진마늘 2작은술
참기름 1큰술
깨소금 2작은술
후춧가루 조금

기타
(황백 지단) 소금
후춧가루

1   **가래떡 준비하기**
① 가래떡을 4cm 길이로 잘라 네 쪽을 낸다.
② 잠깐 물에 담가둔다.

2   **쇠고기 채 썰기**
쇠고기는 4cm 길이로 잘라 결대로 가늘게 채 썰어 핏물을 닦아내고 양념한다.

3   **채소 준비하기**
① 애호박오가리는 미지근한 물에 씻어 건져놓는다.
② 숙주는 머리와 꼬리를 떼어내고 끓는 물에 데친 후 찬물에 헹궈 물기를 짠다.
③ 표고버섯은 물에 불려 기둥을 떼어내고 물기를 짠 다음 굵게 채 썬다.
④ 양파는 굵직하게 채 썬다.
⑤ 당근은 4cm 길이로 잘라 너무 얇지 않게 나붓나붓이 썬다.

4   **황백 지단 만들기**
① 달걀은 노른자와 흰자를 분리해 각각 소금과 후춧가루를 조금 넣고 잘 푼다.
② 황백 지단을 부쳐 각각 골패 모양으로 썬다.

5   **석이버섯 채 썰기**
① 석이버섯은 뜨거운 물에 불려 손바닥으로 문질러 씻어 이끼와 배꼽을 떼고 물기를 닦는다.
② 돌돌 말아 곱게 채 썬 다음 약불로 마른 팬에 살짝 볶는다.

6   **떡과 준비한 재료 볶기**
① 먼저 팬에 쇠고기와 표고버섯을 넣고 볶는다.
② 어느 정도 볶아지면 애호박오가리와 숙주, 당근, 양파를 넣고 빛깔 곱게 볶는다.
③ 양지머리 육수 1컵을 붓고 끓이다가 가래떡을 넣고 잠깐 더 볶는다.
④ 그릇에 담고 위에 황백 지단과 석이버섯채를 올린다.

도움말

· 애호박오가리는 물에 씻는 것만으로 충분히 부드러워지므로, 물에 담가놓지 않는다.
· 숙주는 너무 길면 다듬을 때 4~5cm 길이로 자른다.
· 가래떡이 덜 굳었으면 먼저 참기름에 살짝 볶는다.

새우젓닭볶음

닭을 새우젓으로 양념해 감자를 넣어 만든 음식으로, 새우젓에 효소가 들어 있어 소화가 잘된다. 새우젓은 서유구가 〈난호어묵지〉에서 "새우를 소금에 담가서 젓을 만들어 팔역에 흘러넘치게 하는 것은"이라고 기록할 만큼 조선 후기부터 우리나라 전역에서 유통됐다.

닭 1마리(1kg 정도)
감자 2개
잣가루 1작은술
물 1컵

양념장
새우젓 2큰술
집진간장 2큰술
설탕 1작은술
다진파 1큰술
다진마늘 1큰술
생강즙 1큰술
건고추 1개
참기름 1큰술
깨소금 1작은술
후춧가루 1/4작은술

1 닭 손질하기

① 닭은 깨끗이 씻어 물에 담가 핏물을 뺀다.

② 배를 갈라 안쪽의 핏덩이와 지방을 제거하고 날개 끝과 꽁지의 기름 덩어리를 잘라낸 후 깨끗이 씻는다.

③ 닭을 각 떠서 도막 낸다. 관절에 칼을 넣으면 쉽게 잘린다.

④ 다리같이 두꺼운 부위는 2~3cm 간격으로 칼집을 넣어 양념이 잘 배게 한다.

2 감자 썰어 손질하기

① 감자는 껍질을 벗겨 3~4조각으로 썬다.

② 각진 모서리를 조금씩 깎아 둥글게 만든다.

3 양념장 만들기

① 건고추는 씻어 씨를 빼고 3~4등분을 한다.

② 새우젓은 곱게 다진다.

③ 건고추와 새우젓에 나머지 양념장 재료를 섞어 양념을 만든다.

4 닭과 감자 볶기

① 바닥이 두꺼운 냄비에 감자를 먼저 깔고, 닭 도막을 한 개씩 양념장에 묻혀 얹는다.

② 남은 양념장을 다 붓고 감자와 닭, 양념장을 고루 섞은 후 약불에서 볶는다.

③ 닭고기가 노르스름해지면 물 1컵을 붓고 뚜껑을 닫아 약불로 끓인다.

④ 다 익으면 그릇에 담고 잣가루를 뿌린다.

도움말

· 국물이 너무 많을 때는 뚜껑을 덮지 말고 뒤적이면서 끓여 수분을 날린다.
· 닭고기를 볶을 때는 양념장 만든 그릇에 물을 부어 남김없이 싹싹 씻어 넣는다.

토
란
찜

토란찜은 다른 찜과 달리 국물을 걸쭉하게 만든다. 토란은 고온에서 잘 자라는 식물로, 주로 남쪽 지방인 전라도와 경상도에서는 가을이 되면 토란의 뿌리부터 잎과 줄기까지 모두 국이나 탕, 나물, 떡 등으로 다양하게 만들어 먹었다.

토란 400g
참기름 2작은술
쇠고기 100g
달걀 2개
은행 35g

고기 양념
집간장 1큰술
설탕 1작은술
다진파 1큰술
다진마늘 2작은술
참기름 1큰술
깨소금 2작은술
후춧가루 조금

국물
양지머리 육수 1½컵
집간장 1½큰술
고추장 1큰술
밀가루 2큰술
물 1/2컵

기타
(토란 손질) 쌀뜨물 5컵
소금
(은행 손질) 소금
(황백 지단) 소금
후춧가루

1 토란 껍질 벗겨 삶기
① 자그마하고 크기가 고른 토란을 골라 껍질을 벗긴다.
② 쌀뜨물에 소금을 조금 넣고 토란을 삶아 찬물에 헹군다.

2 토란 볶아 칼집 넣기
① 바닥이 두꺼운 냄비에 참기름을 두르고 삶은 토란을 넣어 살짝 볶는다.
② 토란 한쪽에 십자 모양으로 칼집을 낸다. 토란 길이의 1/3 정도 깊이까지 자른다.
③ 소를 넣기 좋게 칼집 낸 부분을 살짝 저민다.

3 은행 껍질 벗기기
① 팬에 물을 조금 붓고 소금을 넣는다. 끓으면 은행을 넣는다.
② 국자의 둥근 밑바닥으로 은행을 굴려 껍질을 벗긴 다음 찬물에 헹궈 건진다.

4 황백 지단 준비하기
① 달걀은 노른자와 흰자를 분리해 각각 소금과 후춧가루를 조금 넣고 잘 푼다.
② 황백 지단을 부쳐 각각 마름모 모양으로 썬다.

5 쇠고기소 만들어 토란에 넣기
① 쇠고기는 살코기만 곱게 다져 핏물을 닦아내고 양념해 점성이 생길 때까지 잘 치댄다.
② 토란의 칼집에 쇠고기소를 끼워 넣는다.

6 양지머리 국물에 넣어 끓이기
① 양지머리 육수를 끓여 집간장과 고추장으로 간을 맞춘다.
② 토란을 넣고 중불에서 국물 맛이 배도록 끓인다.

7 국물 걸쭉하게 만들기
① 밀가루에 물을 붓고 덩어리진 것이 없도록 잘 개어놓는다.
② 토란에 양념 맛이 배고 다 익으면 은행과 밀가루 갠 것을 붓고 뒤적거려 국물이 걸쭉해지도록 끓인다.
③ 토란과 은행을 그릇에 담고 황백 지단을 얹는다.

가
지
선

선(膳)은 가지나 호박 등의 채소와 두부, 생선 등에 소를 넣어 쪄서 만드는 조리법이다. 찜이 아니라 선이라는 이름이 붙은 이유는 주재료에 칼집을 넣어 소를 채워 만들기 때문이다. 모양이 아름답고 한 입 크기로 만들어지므로 고급 한식 상에 올리거나 주안상에 안주로 낸다. 소를 가능한 한 듬뿍 넣고 빠져나오지 않게 녹말을 뿌려 찐다.

가지 600g
쇠고기 150g
당근 80g
오이 120g
표고버섯 30g
달걀 2개
녹말 조금
식용유 2작은술

고기 양념
집간장 1큰술
설탕 1/2작은술
다진파 1작은술
다진마늘 1작은술
생강즙 1작은술
배즙 1큰술
참기름 1작은술
깨소금 1/2작은술
후춧가루 조금

소 양념
집간장 1큰술
다진파 1/2작은술
다진마늘 1작은술
참기름 1작은술
깨소금 1/2작은술

기타
(가지 절일 때) 소금
(오이 손질하고 절일 때) 굵은소금
소금
(황백 지단) 소금
후춧가루

1　**가지 절이기**

① 가지는 깨끗이 씻어 길이로 반을 가른다.

② 5cm 길이로 비스듬하게 자른 다음 가지 껍질 쪽에 어슷하게 칼집을 세 번 넣는다.

③ 가지를 연한 소금물에 담가 절인다.

2　**쇠고기채 양념해 볶기**

① 쇠고기는 3cm 길이로 잘라 고깃결대로 곱게 채 썬다.

② 핏물을 닦아내고 양념해 잠시 재운다.

③ 약불에서 쇠고기채가 서로 붙지 않도록 젓가락으로 하나하나 떼어가며 볶는다.

④ 넓은 그릇에 펼쳐 식힌다.

3　**당근 채 썰어 볶기**

① 당근은 2.5cm 길이로 잘라 곱게 채 썰어 양념한다.

② 팬에 볶은 후 넓은 그릇에 펼쳐 식힌다.

4　**오이 채 썰어 볶기**

① 오이는 굵은소금으로 문질러 깨끗이 씻은 다음 잘 드는 칼로 투명한 표피를 아주 얇게 벗겨낸다.

② 2.5cm 길이로 자른 다음, 껍질 부분만 얇게 돌려 깎아 곱게 채 썬다.

③ 오이채를 소금에 절였다가 면 보자기로 싸서 물기를 꼭 짠다. 오이 짠 물은 따로 받아놓는다.

④ 팬에 오이 짠 물을 붓고 끓어오르면 오이채를 넣어 물이 없어질 때까지 볶는다.

⑤ 볶은 오이채를 넓은 그릇에 펼쳐 식힌다.

5　**표고버섯 채 썰어 볶기**

① 표고버섯은 불려 기둥을 떼어내고 물기를 짠다.

② 갓이 두꺼우면 3~4장으로 포 뜨듯이 얇게 저며 2.5cm 길이로 곱게 채 썬다.

③ 채 썬 표고버섯을 양념해 볶은 다음 넓은 그릇에 펼쳐 식힌다.

6   **황백 지단 채 썰기**

① 달걀은 노른자와 흰자를 분리해 각각 소금과 후춧가루를 넣고 잘 푼다.

② 황백 지단을 부쳐 각각 2.5cm 길이로 곱게 채 썬다

7   **가지에 소 넣기**

① 준비한 쇠고기채와 표고버섯채, 당근채, 오이채, 황백 지단을 고루 섞어
   소를 만든다.

② 절인 가지를 건져 마른행주로 물기를 닦는다.

③ 가지에 낸 칼집에 소를 넉넉히 끼워 넣는다. 젓가락을 쓰면 편하다.

8   **가지선 찌기**

① 고운체를 사용해 가지에 녹말을 뿌린 후 분무기로 물을 뿌린다.

② 김이 오른 찜통에 가지를 올려 살짝 찐다.

③ 꺼내기 직전에 물을 한 번 더 뿌려 윤기가 나게 한다.

④ 그릇에 담고 남은 소가 있으면 칼집의 빈 곳에 더 채운다. 따뜻할 때
   상에 올린다.

도움말

· 가지는 물 1컵에 소금 2작은술을 녹여 연한 소금물을 만들어 절인다.
· 가지선의 소에는 양념을 넉넉하게 넣어야 가지에 맛이 충분히 배어들어 맛있다.
· 쇠고기채는 약불에서 채가 낱낱이 떨어지게 볶는다. 팬이 지나치게 달궈진 경우에는 불을 끄고
  볶는다. 볶을 때 처음부터 채끼리 붙으면 아예 불을 끄고 배즙이나 물을 넣고 젓가락으로 고기채를
  낱낱이 떨어뜨린 다음 다시 불을 켜서 볶기 시작한다. 볶다가 고기채가 어느 정도 익으면 불의 세기를 키운다.
· 상에 낼 때는 겨자즙이나 초간장을 함께 낸다. 초간장은 집간장에 설탕과 식초를 섞은 뒤 잣가루를 뿌려
  만든다. 겨자즙은 겨잣가루에 따뜻한 물을 조금 붓고 나무젓가락으로 갠 다음 그릇째 따뜻한 곳에 엎어두고
  20~30분 지나 매운맛이 나면 식초와 설탕, 소금, 후춧가루를 넣고 잘 저어 만든다.

애호박선

애호박에 칼집을 넣고 소를 채워 쪄서 만든 음식. 〈시의전서〉에 '호박선'으로 기록되어 있는데,
주먹만 한 어린 호박에 칼집을 넣은 후 쪄서 준비한 소를 채워 그릇에 담고 위에 고추채, 석이버섯채, 달걀채를
얹고 잣가루를 뿌렸다. 소를 넉넉하게 넣어야 애호박에 맛이 배어들어 더욱 맛있다.

애호박 500g
쇠고기 100g
표고버섯 20g
석이버섯 5g
달걀 2개
소금 2작은술
녹말 조금
잣가루 1/2큰술
물 1컵
식용유 2작은술

고기 양념
집간장 2작은술
설탕 1작은술
다진파 2작은술
다진마늘 1작은술
생강즙 1작은술
배즙 1/2큰술
참기름 2작은술
깨소금 1작은술
후춧가루 조금

소 양념
집진간장 2큰술
다진파 1작은술
다진마늘 1작은술
참기름 1작은술
깨 1/2작은술

기타
(호박 절일 때) 소금
(황백 지단) 소금
후춧가루

1   **애호박 절이기**
① 지름 3~4cm 크기의 애호박을 골라 깨끗이 씻은 뒤 반을 갈라 5~6cm
길이로 비스듬하게 자른다.
② 애호박 껍질 쪽에 어슷하게 칼집을 세 번 넣는다.
③ 물 1컵에 소금 2작은술을 녹여 연한 소금물을 만들어 애호박을 절인다.

2   **쇠고기채 양념해 볶기**
① 쇠고기는 3cm 길이로 잘라 고깃결대로 곱게 채 썬다.
② 핏물을 닦아내고 양념해 잠시 재운다.
③ 약불에서 젓가락으로 하나하나 떼면서 쇠고기채가 서로 붙지 않도록
볶는다. 넓은 그릇에 펼쳐 식힌다.

3   **두 가지 버섯 채 썰어 볶기**
① 표고버섯은 불려 기둥을 떼어내고 물기를 짠다.
② 갓이 두꺼우면 3~4장으로 포 뜨듯이 저며 2.5cm 길이로 곱게 채 썬다.
③ 채 썬 표고버섯을 양념해 볶은 후 넓은 그릇에 펼쳐 식힌다.
④ 석이버섯은 뜨거운 물에 불려 손바닥으로 문질러 씻어 이끼와 배꼽을
떼고 물기를 닦는다. 돌돌 말아 곱게 채 썰어 마른 팬에서 약불로 살짝
볶는다.

4   **황백 지단 채 썰기**
① 달걀은 노른자와 흰자를 분리해 각각 소금과 후춧가루를 넣고 잘 푼다.
② 황백 지단을 부쳐 각각 2.5cm 길이로 곱게 채 썬다.

5   **애호박에 소 넣기**
① 준비한 쇠고기채와 표고버섯채, 석이버섯채, 황백 지단채를 고루 섞어
소를 만든다.
② 절인 애호박을 건져 물기를 마른행주로 닦아낸다.
③ 애호박에 낸 칼집에 소를 넉넉히 채운다.

6   **애호박선 찌기**
① 고운체를 사용해 애호박에 녹말을 뿌린 후 분무기로 물을 살짝 뿌린다.
② 김이 오른 찜통에 애호박을 올려 살짝 찐다.
③ 꺼내기 직전에 물을 한 번 더 뿌려 윤기가 나게 한다.
④ 그릇에 담고 남은 소가 있으면 칼집의 빈 곳에 더 채운 다음 잣가루를
뿌린다. 상에 낼 때는 겨자즙이나 초간장을 함께 낸다.

오이선

오이선은 《시의전서》에 '외선'으로 소개되었는데, 어린 오이를 통째로 썼다. 오이선만의 매력은 아삭한 식감에 있다. 오이를 절이지 않고 연한 소금물에 데쳐 써도 되고, 소의 재료를 섞지 않고 차례로 칼집에 채워서 만들 수도 있다.

어린 오이 450g
쇠고기 100g
달걀 2개
표고버섯 15g
석이버섯 5g
잣가루 1/2큰술
녹말 1작은술
식용유 2작은술

소 양념
집간장 1/2큰술
설탕 1/2작은술
다진파 2작은술
다진마늘 1작은술
생강즙 1/2작은술
참기름 2작은술
깨소금 1작은술

양념
집간장 1큰술
설탕 1작은술
다진파 1큰술
다진마늘 1/2큰술
참기름 2작은술
깨소금 2작은술
후춧가루 조금

기타
(오이 절일 때) 소금
(황백 지단) 소금
후춧가루

1 **오이 절이기**
① 어린 오이를 골라 껍질을 소금으로 문질러 깨끗이 씻은 다음 6cm 길이로 잘라 반으로 가른다.
② 오이 껍질 쪽에 칼집을 어슷하게 세 번 넣는다.
③ 연한 소금물에 오이를 담가 살짝 절인다.

2 **쇠고기채 양념해 볶기**
① 쇠고기는 3cm 길이로 잘라 고깃결대로 곱게 채 썬다.
② 핏물을 닦아내고 양념해 잠시 재운다.
③ 약불에서 젓가락으로 하나하나 떼면서 쇠고기채가 서로 붙지 않도록 볶는다. 넓은 그릇에 펼쳐 식힌다.

3 **두 가지 버섯 채 썰어 볶기**
① 표고버섯은 불려 기둥을 떼어내고 물기를 짠다.
② 갓이 두꺼우면 포 뜨듯이 3~4장으로 얇게 저며 2.5cm 길이로 곱게 채 썰어 양념해 볶는다.
③ 석이버섯은 뜨거운 물에 불려 손바닥으로 비벼 이끼와 배꼽을 떼고 물기를 제거한다. 돌돌 말아 곱게 채 썰어 마른 팬에서 약불로 살짝 볶는다.

4 **황백 지단 채 썰기**
① 달걀은 노른자와 흰자를 분리해 각각 소금과 후춧가루를 넣고 잘 푼다.
② 황백 지단을 부쳐 각각 2.5cm 길이로 곱게 채를 썬다.

5 **오이에 소 넣기**
① 준비한 쇠고기채와 표고버섯채, 석이버섯채, 황백 지단채를 고루 섞어 소를 만든다.
② 절인 오이를 건져 마른행주로 물기를 닦는다.
③ 오이에 낸 칼집에 소를 넉넉히 채운다.

6 **오이선 찌기**
① 고운체를 사용해 오이에 녹말을 뿌린 후 분무기로 물을 살짝 뿌린다.
② 김이 오른 찜통에 오이를 올려 살짝 찐다.
③ 꺼내기 전에 분무기로 물을 한 번 더 뿌려 윤기가 나게 한다.
④ 접시에 담는다. 남은 소가 있으면 칼집의 빈 곳에 더 채우고 잣가루를 뿌린다.

도움말

· 오이는 물 1컵에 소금 2작은술을 녹인 연한 소금물에 절인다.
· 소를 섞지 않고 순서대로 오이의 칼집에 채워 만들 수도 있다. 이때는 찌기 전에 녹말을 뿌리지 않고,
  먹을 때도 촛물을 전체적으로 뿌린 다음 먹는다. 촛물은 식초 2큰술과 설탕 2큰술, 물 1큰술, 소금
  1/2작은술을 섞어 만든다.
· 상에 낼 때는 초간장과 함께 낸다. 초간장은 집간장에 설탕과 식초를 섞은 뒤 잣가루를 뿌려 만든다.

장포육

연한 고기를 얇게 포 떠서 기름장을 발라가며 구운 다음 양념장에 담갔다가 다시 굽는 음식으로, 포 뜬 고기를 장에 양념했다 해서 장포육(醬脯肉)이라 부른다. 옛날에는 굽지 않고 양념해 말려서 만들기도 했다. 조자호의 〈조선 요리법〉에는 '장포'라는 이름으로 나오는데, 양념할 때와 구울 때 여러 번 망치로 두드려 고기를 부드럽게 만들었다.

쇠고기 300g
잣가루 2작은술

양념장
집진간장 2큰술
설탕 1작은술
다진파 2작은술
다진마늘 1작은술
생강즙 1/2작은술
참기름 1큰술
깨소금 2작은술
후춧가루 1/2작은술

1 **쇠고기 포 떠서 굽기**
① 기름기 없는 쇠고기를 0.5cm 두께로 넓적하게 포를 뜬다.
② 쇠고기의 기름은 떼어내고 핏물을 닦은 다음 요리용 망치로 앞뒤를 두들겨 석쇠에 살짝 굽는다.

2 **고기 양념해 다시 굽기**
① 살짝 구운 쇠고기에 양념장을 넣고 골고루 스며들도록 주물러 그대로 재워둔다.
② 고기를 다시 석쇠에 올려 뒤집어가며 약불에 굽는다.

3 **그릇에 담기**
① 구운 고기를 식혀 너비 2cm, 길이 2.5cm로 썬다.
② 그릇에 담고 위에 잣가루를 뿌린다.

도움말

· 쇠고기는 기름기가 적은 우둔살 부위가 적당하다.
· 상에 낼 때 북어무침을 곁들이면 좋다. 북어무침은 북어를 가늘게 뜯어 보풀려 양념해 만든다.
  이 책 186쪽 더덕보푸라기무침을 참고한다.

135

대구포조림

포는 사냥과 포획을 통해 잡은 육류와 어류를 저장하기 알맞게 가공하는 전통적인 조리 방법으로, 예로부터 전해온 어포류에는 대구포 외에도 북어포와 오징어포, 낙지포, 문어포, 전복포, 홍합포 등이 있다. 〈한국민족문화대백과사전〉을 보면 경북 경주 양동마을 월성 손씨 종가에서는 제사상에 올렸던 대구포로 제사가 끝난 후에 대구포조림이나 대구보푸라기, 대구해물신선로 등을 만들었다.

대구포 250g
표고버섯 3~4개
밤 4개
대추 10개
은행 30g
호두 3개
잣 1작은술
대파(흰 부분) 20g

조림간장
집진간장 3큰술
조청 2큰술
생강즙 1큰술
배즙 1/3컵
청주 2큰술
표고버섯 불린 물 1/2컵

기타
(대구포 불릴 때) 배즙 1/2컵
(은행 손질) 식용유
소금

1 **대구포 손질하기**
① 대구포를 4~5cm 길이로 잘라 하룻밤 물에 담가 짠맛을 뺀다.
② 짠맛이 빠지면 물을 짜내고 다시 배즙에 1~2시간 담가 부드럽게 만든다.

2 **견과류 준비하기**
① 밤은 겉껍질과 보늬를 벗겨 크면 2등분하고 작으면 통째로 쓴다.
② 대추는 씻어 건져서 물기를 닦는다.
③ 은행은 기름을 두른 팬에 올려 뜨거워졌을 때 소금을 조금 넣고 볶다가 껍질이 벗겨지기 시작하면 꺼내서 마른행주로 문질러 껍질을 깨끗이 벗긴다.
④ 호두는 뜨거운 물에 담가 꼬챙이로 속껍질을 벗겨 4등분한다.
⑤ 잣은 고깔을 떼어내고 마른행주로 닦는다.

3 **표고버섯 불려 썰기**
① 표고버섯은 불려 기둥을 떼어내고 물기를 짠다.
② 갓을 3~4조각으로 썰어 은행잎 모양을 만든다. 이때 표고버섯 불린 물 1/2컵을 받아두었다가 조림간장 만들 때 쓴다.

4 **파 채 썰기**
파는 깨끗이 씻어 흰 부분만 2~3cm 길이로 잘라 채 썬다.

5 **조림간장에 조리기**
① 냄비에 집진간장과 조청, 생강즙, 배즙, 청주, 표고버섯 불린 물을 넣고 조림간장을 만든다.
② 바닥이 두꺼운 냄비에 대구포를 깔고 조림간장을 끼얹는다. 뚜껑을 닫고 중간중간 뒤적이며 약불에서 조린다.
③ 국물이 반으로 졸면 밤과 대추, 은행, 호두, 표고버섯, 잣을 넣고 국물을 끼얹어가며 윤이 나도록 조린다.
④ 다 조려지면 그릇에 담고 파채를 올린다.

도움말

· 대구포를 조릴 때 가끔씩 뒤적여야 바닥에 눌어붙지 않는다.

삼합초

초는 조림보다 간을 약하게 하고 단맛은 더 강하게 만들며 마지막에 물녹말을 넣어 윤기를 낸다. 전복과 해삼, 홍합 세 가지 재료로 만들어 삼합초(三合炒)라고 하며, 같은 재료로 만들되 국물이 좀 더 많아 자작자작하면 삼합장과가 된다. 원래 초는 건어물로 만들지만 여기에서는 전복은 날것, 홍합과 해삼은 말린 것을 썼다.

생전복 200g
건홍합 30g
건해삼 6마리
쇠고기 100g
잣가루 1작은술
물녹말 1큰술(녹말 1 : 물 3)
참기름 1큰술

고기 양념
집간장 1작은술
설탕 1/2작은술
다진파 2작은술
다진마늘 1작은술
생강즙 1/2작은술
참기름 1작은술
깨소금 1작은술
후춧가루 조금

조림 국물
양지머리 육수 2컵
집진간장 2큰술
끓인 설탕물(설탕 1 : 물 1) 1큰술

기타
(전복 손질) 굵은소금

1 **건홍합 불려 손질해 저미기**
① 건홍합은 미지근한 물에 2~3시간 불려 수염을 떼어내고 양쪽의 얇은 막을 벗긴다.
② 깨끗이 씻어 물기를 닦고 넓게 저민다.

2 **건해삼 불려 손질해 저미기**
① 해삼은 삶아서 그 물에 그대로 담가 하룻밤 불린 다음 내장을 빼낸다. 그래도 해삼이 부드럽지 않으면 삶고 불리는 과정을 한 번 더 반복한다.
② 깨끗이 씻어 물기를 닦고 길이로 반을 자른 후 다시 3등분한다.

3 **전복 쪄서 얇게 저미기**
① 껍데기째 굵은소금을 묻힌 솔로 문질러 닦는다. 검은 것이 남지 않게 깨끗이 닦는다.
② 김이 오르는 찜통에 살짝 찐다.
③ 껍데기에서 분리한 다음 전복의 너울가지와 내장, 이빨을 뗀다.
④ 찐 전복을 넓고 얇게 저민다.

4 **쇠고기 저며 양념하기**
① 쇠고기는 전복 크기로 얇게 저민다.
② 핏물을 닦아내고 양념한다.

5 **조림 국물에 조리기**
① 조림 국물을 만들어 쇠고기를 넣고 끓인다.
② 끓기 시작하면 준비한 전복과 해삼, 홍합을 넣고 국물이 자작할 때까지 약불에서 오래 조린다.
③ 국물이 자작자작해지면 물녹말을 넣어 뒤적인다.
④ 참기름을 넣고 고루 섞어 윤기를 낸다.
⑤ 그릇에 담아 잣가루를 뿌린다.

도움말

· 불린 해삼 120g이 필요하면 크기에 따라 다르지만 건해삼 5~7마리를 불려 준비한다. 국내산 건해삼 1마리의 무게는 대략 5~8g이다. 물에 불려 내장을 떼어내고 손질을 마친 해삼의 무게는 3~4배 늘어난다.
· 떼어낸 전복의 내장과 너울가지는 버리지 말고 데쳐 먹는다.
· 홍합은 흰빛을 띠는 것이 수컷이고 붉은 것은 암컷인데, 암컷이 더 맛있다.
· 물녹말을 넣어야 윤기와 끈기가 생긴다.

완자저냐

저냐는 전유어를 부르는 궁중 용어이며, 전유화라고도 부른다. 육류나 어패류, 채소류 등의 재료를 얇게 저미거나 다져 평평하게 뭉쳐 달걀물을 씌워 부친 음식이다. 저냐로 지지는 완자는 다른 음식에 들어가는 것보다 훨씬 크고 납작하게 만든다.

쇠고기 200g
두부 70g
달걀 2개
밀가루 1/2컵
식용유 1/3컵

고기 양념
소금 1/2작은술
설탕 1/2작은술
다진파 2작은술
다진마늘 1작은술
생강즙 1/2작은술
참기름 2작은술
깨소금 1작은술
후춧가루 조금

기타
(두부 양념) 소금
후춧가루
참기름
(달걀물) 소금
후춧가루

1 쇠고기 다져 양념하기
① 쇠고기는 기름을 떼어내고 살코기만 곱게 다진다.
② 핏물을 닦아내고 양념한다.

2 두부 준비하기
① 두부는 굵은체에 내려 으깬 다음 면 보자기에 싸서 물기를 꼭 짠다.
② 소금과 참기름, 후춧가루를 조금 넣고 잘 섞는다.

3 완자 반죽해 빚기
① 달걀에 소금과 후춧가루를 조금 넣고 잘 풀어 달걀물을 만든다.
② 쇠고기와 두부는 두 가지가 구분되지 않을 정도로 잘 섞어 점성이 생길 때까지 오래 치댄다.
③ 지름 3~4cm, 두께 1cm 정도로 동글납작하게 완자를 빚는다.
④ 완자에 밀가루를 묻히고 여분의 가루를 털어낸 다음 달걀물을 씌운다.

4 완자 지지기
① 팬이 달구어지면 기름을 두르고 완자를 넣어 중불로 지진다.
② 지질 때 완자 위쪽에 달걀물이 모자라면 중간에 덧발라 달걀옷이 고루 입혀지도록 한다.
③ 먼저 익힌 쪽이 위를 향하도록 접시에 담는다.

도움말

· 두부를 넣으면 완자의 식감이 부드러워진다. 여름철에는 잘 상하므로 넣지 않는다.
· 완자를 빚을 때 쇠고기와 두부는 소금으로 간을 해야 반죽이 질어지지 않는다.
· 달걀물에 노른자를 추가로 더 넣으면 달걀물의 색이 더 선명해진다.
· 저냐는 밀가루를 얇게 묻히고 달걀물을 입혀야 윤기가 난다.
· 저냐 위쪽의 달걀물이 다 익지 않았을 때 뒤집어 지지는 것이 좋다. 완자 옆부분도 돌려가며 고루 익힌다.

묵
저
냐

얇게 자른 묵 두 장 사이에 다진 쇠고기를 넣고 지진 음식으로 부드러우면서도 담백한 맛이 특징이다.
녹두묵뿐만 아니라 도토리묵으로도 만들 수 있다.

녹두묵 400g
쇠고기 200g
달걀 2~3개
밀가루 1컵
식용유 1/4컵

고기 양념
집간장 1작은술
설탕 1/2작은술
다진파 1작은술
다진마늘 1/2작은술
생강즙 1/4작은술
참기름 1작은술
깨소금 1/2작은술
후춧가루 조금

기타
(달걀물) 소금
후춧가루

1   **쇠고기 다져 소 준비하기**
   ① 쇠고기를 곱게 다져 핏물을 닦아내고 양념한다.
   ② 점성이 생길 때까지 많이 치댄다. 그래야 잘 뭉쳐진다.

2   **녹두묵에 쇠고기소 넣기**
   ① 녹두묵을 가로세로 5×5cm, 두께 0.5cm의 정사각형으로 썬다.
   ② 묵 한 면에 밀가루를 얇게 묻힌 후 쇠고기소를 얇게 펴서 붙인다.
   ③ 그 위에 다시 밀가루를 묻히고 다른 묵을 붙인다.

3   **달걀물 씌워 팬에 지지기**
   ① 달걀에 소금과 후춧가루를 조금 넣고 잘 푼다.
   ② 두 장을 맞붙인 묵 겉면에 밀가루를 묻힌다. 여분의 가루는 털어내고
      달걀물을 씌운다.
   ③ 기름을 두른 팬에 올려 약불에서 천천히 지진다.

도움말

· 지질 때 묵의 위아래 면은 물론 옆면까지 돌려가며 잘 지져 고기가 완전히 익도록 한다.

모둠저냐

'호원당' 창립자이자 〈조선 요리법〉의 저자 조자호의 친정어머니 방식으로 만든 모둠저냐다. 당시 조자호의 친정집 저냐는 고종 황제가 감탄할 정도로 맛있었다고 전해진다. 세간에서 조 정승 댁(할아버지가 영의정을 지내 그렇게 불렀다)과 궁가의 음식을 비교할 정도로 유명했다고 한다.

표고저냐

전을 부치기 전에 미리 표고버섯을 양념한 양지머리 국물에 담가 맛을 낸 것이 특징이다.

표고버섯 30g
쇠고기 100g
두부 40g
양지머리 육수 1/4컵
밀가루 1/4컵
달걀 1개
식용유 1/4컵

소 양념
집간장 1작은술
설탕 1/2작은술
다진파 1작은술
다진마늘 1/2작은술
참기름 2작은술
깨소금 1작은술
후춧가루 조금

기타
(달걀물) 소금
후춧가루
(표고버섯 전처리) 집간장
설탕
(두부 양념) 소금
후춧가루
참기름

1 달걀물 준비하기
달걀에 소금과 후춧가루를 조금 넣고 잘 풀어 체에 내려 달걀물을 곱게 만든다.

2 표고버섯 준비하기
① 중간 크기의 모양이 예쁜 표고버섯을 고른다. 씻어 물에 불린 다음 기둥을 떼어내고 물기를 짠다.
② 양지머리 육수에 집간장과 설탕을 조금 섞은 후 표고버섯을 잠깐 담갔다가 그대로 살짝 끓인다. 건져서 국물을 짠다.

3 쇠고기소 만들어 붙이기
① 쇠고기는 살코기만 곱게 다져 핏물을 닦아내고 양념한다.
② 두부는 굵은체에 내려 으깨어 면 보자기에 싸서 물기를 짜내고 소금과 후춧가루, 참기름을 조금 넣어 섞는다.
③ 쇠고기와 두부는 두 가지가 구분되지 않게 잘 섞어 점성이 생길 정도로 치대 소를 만든다.
④ 표고버섯 갓 안쪽에 밀가루를 바르고 소를 얇고 균일하게 붙인다.

4 팬에 지지기
① 소를 붙인 표고버섯 안쪽에만 밀가루를 묻히고 여분의 가루를 털어낸다. 달걀물도 소 붙인 곳에만 씌운다.
② 팬에 기름을 두르고 중불에서 소 붙인 쪽을 먼저 지진다. 다 익으면 뒤집어 갓의 등 부분도 지진다.

도움말

· 다진 쇠고기소가 들어가는 저냐류는 밀가루를 묻히고 달걀물을 씌워 바로 지져야 곱게 부쳐진다. 그러지 않으면 밀가루가 양념의 수분을 흡수해 달걀물이 고르게 묻혀지지 않는다.
· 표고버섯의 갓 등 쪽에 십자 모양의 칼집을 내기도 한다.

조개관자저냐

조개관자를 반으로 갈라 나비 모양을 만들어 전을 부친다.

조개관자 5마리 분량
후춧가루 1/4작은술
밀가루 1/4컵
달걀 1개
식용유 1/4컵

기타
(달걀물) 소금
후춧가루
(관자 전처리)
물 1/2컵
소금 1/2큰술
생강즙 1큰술

1 달걀물 준비하기

달걀에 소금과 후춧가루를 조금 넣고 잘 풀어 체에 내려 달걀물을 곱게 만든다.

2 조개관자 손질하기

① 조개관자는 내장을 떼어내고 겉의 얇은 막을 벗겨 깨끗이 씻어 물기를 닦는다.

② 조개관자를 1cm 두께로 썬 다음, 다시 반으로 갈라 0.5cm 두께로 만든다. 반으로 가를 때 양쪽이 완전히 떨어지지 않도록 끝을 조금 남긴다.

③ 조개관자를 양쪽으로 펼쳐 나비처럼 모양을 만들고 잔칼질을 몇 군데 해서 지질 때 오그라들지 않게 한다.

④ 간간한 소금물에 생강즙을 섞은 후 조개관자를 잠깐 담가두었다가 건져 물기를 닦는다.

3 저냐 지지기

① 조개관자에 후춧가루를 뿌려 밀가루를 묻히고 여분의 가루를 털어낸 후 달걀물을 씌운다.

② 팬에 기름을 두르고 중불에서 지진다.

도움말

· 저냐는 팬을 먼저 달궈 뜨거워지면 기름을 너무 많이 두르지 말고 중불에서 지진다. 자주 뒤집으면 모양이 흐트러지므로 한쪽이 익으면 그때 뒤집는다.
· 저냐를 지질 때 생기는 찌꺼기는 계속 닦아낸다. 그래야 깔끔하게 부쳐진다.

해삼저냐

해삼 안쪽에 칼집을 넣어 지질 때 오그라들지 않도록 한다.

건해삼 5마리
쇠고기 80g
두부 30g
표고버섯 10g
밀가루 1/4컵
달걀 1개
식용유 1/4컵

고기 양념
집간장 1/2작은술
설탕 조금
다진파 1작은술
다진마늘 1/2작은술
참기름 1/2작은술
깨소금 1/2작은술
후춧가루 조금

기타
(달걀물) 소금
후춧가루
(두부 양념) 소금
후춧가루
참기름

1 달걀물 준비하기

달걀에 소금과 후춧가루를 조금 넣고 잘 풀어 체에 내려 달걀물을 곱게 만든다.

2 해삼 손질하기

① 해삼은 삶아서 그 물에 그대로 담가 하룻밤 불린 다음 내장을 빼낸다. 그래도 해삼이 부드럽지 않으면 삶고 불리는 과정을 한 번 더 반복한다.

② 길게 반으로 갈라 3cm 길이로 썬 다음 안쪽에 잔칼질을 몇 군데 낸다.

3 쇠고기소 만들기

① 쇠고기는 살코기만 곱게 다져 핏물을 닦아내고 양념한다.

② 두부는 굵은체에 내려 으깨어 면 보자기에 싸서 물기를 짜내고 소금과 후춧가루, 참기름을 조금 넣어 섞는다.

③ 표고버섯은 불려 기둥을 떼어내고 갓의 물기를 짜낸 후 곱게 다진다.

④ 먼저 쇠고기와 두부를 구분되지 않을 정도로 잘 섞은 다음 다진 표고버섯을 섞어 점성이 생길 정도로 치댄다.

4 팬에 지지기

① 해삼 안쪽 오목한 곳에 밀가루를 바르고 소를 보기 좋게 꼭꼭 넣는다.

② 소 붙인 곳에만 밀가루를 묻히고 여분의 가루를 털어낸 다음 달걀물을 묻혀 기름 두른 팬에 약불에서 지진다.

도움말

· 해삼의 순우리말이 '뮈'이며, 해삼저냐를 궁중에서는 뮈쌈이라고 불렀다. <시의전서>에도 뮈쌈으로 나오는데, 해삼의 배를 갈라 안에 쇠고기와 숙주, 미나리, 두부를 넣고 달걀물을 묻혀 지져서 만들었다. 해삼을 반으로 가르지 않고 통째로 소를 넣고 밀가루와 달걀물을 씌워 지진 다음 썰어도 된다.

· 밀가루는 되도록 얇게 바르고 달걀은 잘 풀어서 씌운다.

새우저냐

새우를 가른 다음 살 쪽에 칼집을 넣어야 오그라지지 않는다.

중하 10마리
밀가루 1/4컵
달걀 1개
식용유 1/4컵

기타
(달걀물) 소금
후춧가루
(새우 밑간) 소금
후춧가루

1 **달걀물 준비하기**

달걀에 소금과 후춧가루를 조금 넣고 잘 풀어 체에 내려 달걀물을 곱게
만든다.

2 **새우 손질하기**

① 새우는 머리를 떼어내고 꼬리 쪽에 한 마디를 남긴 뒤 껍질을 벗기고
꼬리 가운데 있는 삼각형 물주머니도 제거한다.

② 손질한 새우를 깨끗이 씻어 물기를 닦은 뒤 새우의 등 쪽부터 칼을
넣고 반으로 완전히 가른다. 등 쪽의 내장을 꺼낸다.

③ 오그라들지 않도록 안쪽에 잔칼질을 고르게 한다. 소금과 후춧가루를
조금씩 뿌려 밑간을 한다.

④ 반으로 가른 새우 살을 각각 바깥쪽으로 둥글게 말아 몸통에 꼬챙이로
같이 고정한다.

3 **팬에 지지기**

① 새우에 밀가루를 묻히고 여분의 가루를 털어낸 다음 달걀물을 씌워
기름 두른 팬에 약불에서 지진다. 밀가루와 달걀물 모두 꼬리 쪽에는
묻히지 않는다.

② 따뜻할 때 꼬챙이를 빼낸다.

도움말

· 새우를 반으로 완전히 가르지 않고 배 쪽만 붙여두어 두 장이 완전히 떨어지지 않게 만들기도 한다.

빈대떡

평안도 향토 음식으로 지금은 우리나라 어디에서나 먹는 대표적인 대중 음식이다. 북한에서는
녹두지짐이라고 부른다. 〈한국음식용어사전〉에 따르면 옛날에는 녹두로 지진 전만 가리켰지만, 지금은 얇고
넓게 지진 전을 모두 빈대떡이라 부른다. 만드는 재료에 따라 녹두빈대떡, 감자빈대떡, 김치빈대떡 등으로
불린다.

녹두 5컵
쇠고기 200g
숙주 200g
쪽파 200g
느타리버섯 100g
석이버섯 10g
물 5컵
식용유 1컵

양념
집간장 1큰술
설탕 1/2큰술
다진파 1큰술
다진마늘 1큰술
생강즙 1/2작은술
참기름 1큰술
깨소금 1작은술
후춧가루 조금

기타
(녹두 반죽)
소금 2작은술
후춧가루
(느타리버섯 전처리)
물 2컵
소금 2큰술

1 녹두 불려 갈기

① 녹두를 미지근한 물에 불린 후 불린 물을 따로 받아두고 손으로 비벼
껍질을 벗긴 다음 다시 불렸던 물을 붓고 껍질을 걸러낸다.

② 껍질 벗긴 녹두를 찬물에 깨끗이 헹군다.

③ 분쇄기에 녹두를 넣고 물 5컵을 부어 곱게 간다.

2 고기 양념하기

쇠고기는 3cm 길이로 잘라 고깃결대로 곱게 채 썰어 핏물을 닦고
양념한다.

3 숙주와 쪽파 준비하기

① 숙주는 뿌리와 머리를 떼어내고 씻어 물기를 빼고 2cm 길이로 썰어
양념한다.

② 쪽파는 뿌리를 자르고 다듬어 씻은 다음 2cm 길이로 썰어 양념한다.

4 버섯 손질해 양념하기

① 느타리버섯은 간간한 소금물에 살짝 데친 후 찬물에 헹궈 물기를
꼭 짜고 결대로 곱게 찢어 양념해 재운다.

② 석이버섯은 뜨거운 물에 불려 손바닥으로 문질러 씻어 이끼와 배꼽을
떼고 깨끗이 헹군다. 물기를 닦고 1cm 크기의 정사각형으로 썬다.

5 빈대떡 부치기

① 녹두 반죽은 부치기 직전에 소금과 후춧가루로 간한다.

② 팬에 기름을 넉넉히 두르고 녹두 반죽을 떠서 지름 5~6cm 크기로
도톰하게 편다.

③ 쇠고기와 숙주, 쪽파, 느타리버섯을 조금씩 보기 좋게 얹는다.

④ 석이버섯 조각을 동서남북 네 방향에 한 개씩 놓은 후, 녹두 반죽을
떠서 고명 위에 바르듯이 칠한다.

⑤ 녹두 반죽이 익어 투명해지면 뒤집어 노릇하게 익힌다.

도움말

· 시중에서 판매하는 껍질 벗긴 녹두를 쓰면 편하다.
· 쇠고기 대신 돼지고기를 넣어도 어울린다.
· 녹두 반죽을 뜰 때마다 가라앉은 것이 없도록 바닥까지 잘 섞는다.
· 따뜻할 때 초간장을 곁들여 먹는다. 초간장은 집간장에 설탕과 식초를 섞은 다음 잣가루를 뿌려 만든다.

도미구이

도미에 간장 양념장을 발라 구운 음식이다. 도미는 맛이 담백하고 기름기가 적은 데다 모양도 보기 좋아 예로부터 요리 재료로 다양하게 활용했다. 서울과 경기 지방에서는 주로 구이와 면(전골)으로, 경남 지역에서는 찜으로 만들어 먹었다. 〈증보산림경제〉에는 도미의 감칠맛은 머리에서 나오며, 가을보다 봄과 여름에 훨씬 맛있다고 설명되어 있다.

도미 1kg

양념장
집진간장 4큰술
설탕 1작은술
다진파 1큰술
다진마늘 1큰술
생강즙 1/2큰술
참기름 1큰술
깨소금 1큰술
청주 2큰술
후춧가루 1작은술

기타
(도미 절일 때) 소금 1큰술

1 **도미 손질하기**
① 신선한 도미를 골라 비늘을 긁고 머리를 잘라 내장을 꺼낸 다음 깨끗이 씻어 물기를 닦는다.
② 등 쪽에 칼을 넣어 두 쪽으로 가른 다음, 한쪽에 붙어 있는 뼈도 발라낸다.
③ 오그라들지 않도록 껍질 쪽에 두세 번 칼집을 넣고 크기에 따라 2~4등분한다.

2 **도미 절이기**
① 물 1컵에 소금 1큰술을 녹여 간간한 소금물을 만든다.
② 도미 살을 소금물에 10분 정도 담가 절였다가 건져 물기를 닦는다.

3 **양념장 발라 굽기**
① 도미 살에 양념장을 고루 발라 30분 정도 재운다.
② 달군 팬에 도미를 올려 껍질 쪽부터 먼저 굽는다.
③ 껍질 쪽이 다 익으면 뒤집어 살 쪽도 굽는다.

도움말

· 도미의 살이 두꺼우면 익기 전에 양념장이 탈 수 있으므로 중약불에서 굽는다.
· 구운 뒤에도 살 안쪽이 덜 익었으면 다시 팬에 올려 뚜껑을 덮고 약불로 굽는다.
· 석쇠에 구우면 맛이 더 좋다.
· 도미의 머리와 뼈는 따로 두었다가 찌개를 끓인다.

생복구이

전복을 찐 다음 다시 구워 고명을 얹은 음식이다. 우리나라에서는 선사시대 패총에서 껍질이 발견될
정도로 전복을 오래전부터 먹었는데, 생전복은 생포 또는 전포, 찌거나 삶은 전복은 숙복, 말린 것은 건복
또는 명포라 불렀다. 〈조선무쌍신식요리제법〉에서는 전복을 넓고 두껍게 저며 진하고 맛난 장에 담갔다가
모닥불에 구워 만들었다.

생전복 300g
석이버섯 3g
달걀 1개
잣가루 적당량
소금 조금

양념장
집진간장 2작은술
설탕 1½작은술
다진파 1작은술
다진마늘 1작은술
참기름 1작은술
깨소금 1작은술
후춧가루 조금

기타
(전복 손질) 굵은소금
(황백 지단) 소금
후춧가루

1 전복 손질하기

① 전복은 껍데기째 솔에 소금을 묻혀 문질러 닦는다. 검은 것이
   남지 않게 깨끗이 닦는다.

② 김이 오르는 찜통에 올려 살짝 찐다.

③ 껍데기에서 떼어 너울가지와 내장, 이빨을 잘라낸다.

2 손질한 전복 굽기

① 전복 앞면에 일정한 간격으로 칼집을 사선으로 여러 번 넣어
   격자 무늬를 낸다.

② 뒷면은 두세 차례 칼집을 넣은 후 양념장에 무친다.

③ 마른 팬에 올려 앞뒷면을 살짝 굽는다.

3 고명 만들기

① 석이버섯은 뜨거운 물에 불려 손바닥으로 문질러 씻어 이끼와 배꼽을
   떼고 물기를 닦는다. 돌돌 말아 곱게 채 썬 다음 마른 팬에 약불로
   살짝 볶는다.

② 달걀은 노른자와 흰자를 분리해 각각 소금과 후춧가루를 조금 넣고
   잘 풀어 지단을 부쳐 곱게 채 썬다.

4 그릇에 담기

구운 전복을 그릇에 담고 위에 황백 지단채와 석이버섯채, 잣가루를
고명으로 얹는다.

도움말

· 전복의 너울가지는 전복 아래쪽의 너울거리는 부위로, 먹을 수 있지만 모양을 위해 여기에서는 정리한다.
· 생복구이는 한 번 찐 다음에 굽기 때문에 살짝 구워 바로 먹어야 전복이 연하고 맛있다.

오징어구이

강원도의 향토 음식으로 오징어를 양념고추장에 재웠다가 석쇠에 굽는다. 살이 두껍지 않은 작은 오징어를 써야 제맛이 난다.

오징어 800g

양념고추장
고추장 2큰술
고춧가루 1큰술
집간장 1큰술
설탕 1작은술
다진파 1큰술
다진마늘 1큰술
생강즙 1/2큰술
참기름 1큰술
깨소금 1큰술
후춧가루 1/4작은술

1 오징어 손질하기
① 오징어는 몸통을 갈라 내장과 먹물을 떼어내고 껍질을 벗겨 손질한 다음 깨끗하게 씻어 건진다.
② 다리를 떼어 한 개씩 분리한 다음 5cm 길이로 자른다.
③ 오징어 몸통 안쪽에 일정한 간격의 칼집을 사선으로 넣어 격자무늬를 낸다.

2 양념장에 재우기
① 분량의 재료를 모두 섞어 양념장을 만든다.
② 오징어에 양념장을 발라 2시간 정도 재운다.

3 석쇠에 굽기
① 석쇠를 불에 올려 미리 달군다.
② 석쇠가 달궈지면 양념한 오징어를 올려 굽는다. 타지 않게 조심한다.
③ 먹기 좋은 크기로 썬다.

도움말

· 오징어에 칼집을 넣을 때는 칼을 세워 넣는다.
· 팬에 구워도 되지만 직화 구이로 굽는 것이 더 맛있다.
· 오징어를 양념하지 않고 바로 구워 양념장에 찍어 먹어도 맛있다.

꽈리고추산적

보통 산적은 날고기와 채소를 꼬챙이에 꿰어 불에 직접 굽는 음식이지만, 이 꽈리고추산적은 밀가루 반죽을 발라 굽는 누름적 방식으로 만든다. 쇠고기를 미리 익혀 꼬챙이에 꿰어서 지질 때 고기가 오그라들지 않아 완성된 모양이 얌전하다. 꽈리고추의 꼭지와 끝을 번갈아 꿰어야 산적이 반듯하고 정갈하다.

꽈리고추 150g
쇠고기 200g
참기름 1작은술
들기름 4큰술

고기 양념
집간장 1큰술
설탕 1/2큰술
다진파 2작은술
다진마늘 1작은술
생강즙 1/2작은술
배즙 4작은술
참기름 1작은술
깨소금 1작은술
후춧가루 조금

밀가루 반죽
밀가루 1/2컵
양지머리 육수(또는 물) 1/2컵

양념장
맑은 액젓 1큰술
다진파 2작은술
다진마늘 2작은술
참기름 1작은술
깨소금 1작은술
고춧가루 1작은술

고명
통깨 1작은술

1 **꽈리고추 손질하기**
꽈리고추는 꼭지를 따고 깨끗이 씻어 물기를 닦는다.

2 **고기 양념해 굽기**
① 쇠고기는 산적용을 골라 3mm 두께로 포를 떠서 5cm 길이로 썬다.
② 쇠고기의 핏물을 닦고 앞뒤에 잔칼질을 해서 양념에 10~20분 재운다.
③ 마른 팬에 쇠고기를 올려 살짝 구운 다음 꽈리고추 굵기와 비슷한 너비로 썬다.

3 **쇠고기와 꽈리고추 꿰기**
꼬챙이에 쇠고기와 꽈리고추를 번갈아 꿴다. 고추는 꿸 때마다 꼭지와 끝 쪽을 번갈아 꿰어 모양을 반듯하게 잡는다.

4 **밀가루 반죽하기**
밀가루에 양지머리 육수나 물을 넣고 잘 개어 반죽을 만든다.

5 **산적 지지기**
① 꼬챙이에 꿴 쇠고기와 꽈리고추에 밀가루를 묻히고 여분의 가루를 털어낸다.
② 들기름을 두른 팬에 꽈리고추산적거리를 올린 후 밀가루 반죽을 발라가며 약불로 지진다.
③ 바른 반죽이 어느 정도 익으면 위에 양념장을 발라가며 계속 지진다.
④ 산적을 뒤집어 다시 밀가루 반죽을 바른다. 반죽이 익으면 양념장을 바르면서 지진다.

6 **참기름 발라 그릇에 담기**
다 구우면 팬에서 내려 참기름을 바르고 통깨를 뿌려 그릇에 담는다.

도움말

· 꽈리고추는 맵지 않고 굵기와 길이가 비슷한 것을 고른다.
· 밀가루와 양지머리 육수(또는 물)는 같은 분량을 섞는다.
· 상에 낼 때는 초간장을 곁들인다. 초간장은 집간장에 설탕과 식초를 섞은 뒤 잣가루를 뿌려 만든다.

장
산
적

곱게 다진 쇠고기를 양념해 네모지게 반대기를 만들어 석쇠에 구운 다음 다시 간장 양념을 해 조린 음식.
〈증보산림경제〉에서는 다지지 않은 고기와 내장을 꼬치에 꿰어 만드는 방법을 소개했고, 〈조선요리제법〉의
장산적은 "섭산적을 오 푼(약 1.5cm) 넓이, 칠 푼(약 2.1cm) 길이로 썰어서 집진간장을 붓고 설탕을 쳐서
오래 조려서" 만들었다.

쇠고기 300g
잣가루 2작은술

고기 양념
집진간장 1큰술
설탕 1/2큰술
다진파 1작은술
다진마늘 1/2작은술
참기름 1큰술
후춧가루 1/4작은술

조림간장
집진간장 4큰술
어육간장 조금
설탕 2큰술
파 20g
마늘 30g
생강 1/2쪽
건고추 1~2개
물 2컵

1 **고기 양념하기**

① 기름기 없는 연한 살코기를 골라 곱게 다져 핏물을 닦아낸다.

② 양념해 점성이 생길 정도로 많이 치댄다.

2 **다진 쇠고기로 네모 반대기 만들기**

① 작은 사각 스테인리스 쟁반을 엎어놓고 참기름을 바른다.

② 그 위에 다진 쇠고기를 7~8mm 두께로 고르게 펴 네모나게 만든다.

③ 가로와 세로로 잔칼질을 촘촘하게 한다.

3 **쇠고기 굽기**

① 불 위에 석쇠를 놓고 은박지를 깐다.

② 은박지 위에 쇠고기 붙인 쟁반을 올리는데, 고기가 불을 향하게 한다.

③ 거의 다 구워지면 고기와 쟁반 사이에 칼을 넣고 고기를 떼어 고기만
석쇠 위에 올린다.

④ 석쇠를 뒤집어 반대쪽도 굽는다.

4 **고기 정사각형으로 썰기**

① 다 구운 고기는 도마에 올려 식힌다.

② 가로세로 2.5~3cm 크기의 정사각형으로 썬다.

5 **조림간장으로 조리기**

① 두꺼운 냄비에 조림간장 재료를 넣고 끓인다. 끓기 시작하면 파와 마늘,
생강, 고추를 건져낸다.

② 구운 고기를 넣고 중불로 서서히 조린다.

③ 냄비를 기울여 간장물을 고기 위에 끼얹으며 조린다. 그래야 빛깔이
곱고 윤기가 난다.

④ 조린 고기를 그릇에 담고 잣가루를 뿌린다.

도움말

· 장산적의 고기는 기름기가 없으면 어떤 쇠고기 부위를 써도 괜찮다.
· 장산적을 상에 낼 때 삶은 달걀을 길이로 4등분해서 조림간장 남은 것을 끼얹어 같이 담기도 한다.

161

김치적

잘 익은 배추김치와 움파, 쇠고기를 꼬챙이로 꿰어 밀가루 반죽을 입혀 지진 음식. 움파는 겨울에 움 안에서 기른 파로, 주로 음력 1~2월에 나온다. 색이 노랗고 연하며 달짝지근해 맛이 좋다. 움파가 없으면 쪽파를 쓴다.

김치 1.5kg
쇠고기 200g
움파 100g
표고버섯 50g
밀가루 1컵
식용유 4큰술

양념
집간장 1큰술
꿀 2작은술
다진파 1큰술
다진마늘 1/2큰술
생강즙 1작은술
참기름 1작은술
깨소금 1작은술
후춧가루 조금

밀가루 반죽
밀가루 2컵
달걀 1개
물 2컵

기타
(김치 양념) 참기름
깨소금

1 김치 썰기

① 잘 익은 통배추김치의 속을 털어내고 꼭 짠다. 참기름과 깨소금을 조금 넣고 살짝 버무린다.

② 줄기 부분만 길이 10cm, 너비 1.5cm로 길게 썬다.

2 표고버섯과 움파 다듬기

① 표고버섯은 불려 기둥을 떼어내고 물기를 짠 후 갓을 길이 10cm, 너비 1.2cm로 썬다. 양념으로 밑간한다.

② 움파는 다듬어 씻은 다음, 김치처럼 길이 10cm, 너비 1.5cm로 길게 썬다. 양념으로 밑간한다.

3 고기 양념하기

① 쇠고기는 도톰하게 포를 떠서 잔칼질을 하고 핏물을 닦는다.

② 길이는 김치보다 조금 길게, 너비는 1.2cm로 썰어 양념한다.

4 꼬챙이에 재료 꿰기

① 꼬챙이에 김치, 고기, 표고버섯, 움파, 김치를 순서대로 꽂는다.

② 밀가루를 묻히고 여분의 가루를 털어낸다.

5 밀가루 반죽 만들기

① 밀가루에 물과 달걀을 넣고 잘 개어 반죽을 만든다.

② 꼬챙이에 꿴 재료에 반죽을 입혀 기름 두른 팬에 지진다.

③ 접시에 가지런히 담아 상에 올린다.

도움말

· 김치적의 쇠고기로는 채끝등심이 좋다.
· 지름 10cm 미만의 작은 표고버섯은 갓의 가장자리부터 돌려가면서 가위로 잘라 줄처럼 길게 만든 다음 10cm 길이로 썬다.
· 물 대신 양지머리 육수를 넣어 밀가루 반죽을 만들면 더 맛있다.
· 상에 낼 때는 초간장을 곁들인다. 초간장은 집간장에 설탕과 식초를 섞고 잣가루를 뿌려서 만든다.

녹두누름적

경기 지방의 전통적인 제수 음식으로, 원래는 20cm 크기로 부쳐 적틀에 고여 올렸다. 누름적은 누르미에서 유래했는데, 누르미가 찌거나 구운 재료에 걸쭉한 즙을 얹어 만들었다면 누름적은 재료를 익혀 꼬치에 꿰는 형태로 발전했다. 녹두누름적 외에 화양누름적과 잡누름적 등이 있다.

쇠고기 150g
도라지 200g
쪽파 150g
건고사리 10g
배추김치 100g
당근 70g
미나리 50g
표고버섯 10g
밀가루 1/2컵
소금 조금
후춧가루 조금
들기름

반죽
녹두 5컵
물 5컵
소금 2작은술
후춧가루 조금

고기 양념
집간장 1작은술
설탕 1/2작은술
다진파 1작은술
다진마늘 1/2작은술
생강즙 1/4작은술
배즙 1큰술
참기름 2작은술
깨소금 1/2작은술
후춧가루 조금

기타
(고사리 삶을 때) 쌀뜨물
(도라지와 당근 데칠 때) 소금
(밑간) 소금
후춧가루

1 녹두 불려 갈기
① 녹두를 미지근한 물에 불린 후 불린 물을 따로 받아두고 손으로 비벼 껍질을 벗긴 다음 다시 불렸던 물을 붓고 껍질을 걸러낸다.
② 껍질 벗긴 녹두를 찬물에 깨끗이 헹군다.
③ 분쇄기에 녹두를 넣고 물 5컵을 부어 곱게 간다.

2 고사리와 도라지, 표고버섯 손질해 준비하기
① 고사리는 쌀뜨물에 담가두었다가 그 물에 삶는다. 부드러워지면 여러 번 헹군 뒤 찬물에 담가두었다가 건져 물기를 짠다. 억센 줄기는 잘라내고 부드러운 줄기만 골라 10cm 길이로 썬다.
② 도라지는 씻어 머리 윗부분을 자르고 껍질을 벗긴다. 소금물에 말랑하게 삶아 찬물에 담가 쓴맛을 우려낸다. 건져서 10cm 길이로 잘라 5mm 두께로 채 썬다.
③ 표고버섯은 불려 기둥을 떼어내고 물기를 짠다. 갓의 가장자리부터 가위로 너비 5mm로 돌리면서 줄처럼 길게 오린다. 10cm 길이로 썬다.

3 쇠고기 썰기
① 쇠고기는 기름을 떼어내고 두께 1cm로 포를 떠 핏물을 닦는다.
② 길이 10cm, 너비 5mm로 썬다.

4 쪽파와 미나리, 당근, 김치 준비하기
① 쪽파는 깨끗이 씻어 건져 10cm 길이로 썬다.
② 미나리는 줄기만 다듬어 씻어 10cm 길이로 썬다.
③ 김치는 양념을 털어내고 10cm 길이로 잘라 너비 5mm로 썬다.
④ 당근은 10cm로 잘라 너비 5mm로 채 썰어 소금물에 데친 뒤 건져 넓은 그릇에 펼쳐 식힌다.

5 꼬챙이에 꿰기
① 준비한 재료에 각각 소금과 후춧가루를 넣고 가볍게 밑간한 다음 색을 맞추어 꼬챙이에 꿴다.
② 밀가루를 살짝 묻히고 여분의 가루를 털어낸다.

6 누름적 지지기
① 부치기 직전에 녹두 반죽에 소금과 후춧가루를 넣고 간한다.
② 들기름을 넉넉히 두르고 녹두 반죽을 한 국자씩 떠서 큰 직사각으로 편다.
③ 꼬챙이에 꿴 재료를 올리고 다시 녹두 반죽을 발라 두툼하게 지진다.

도움말

· 녹두를 갈 때 반죽이 되직할 정도로 물의 양을 조절한다.
· 녹두 반죽에 소금 간을 미리 하면 녹두가 삭으므로 부치기 직전에 한다.
· 쇠고기는 채끝등심 같은 부위를 쓰면 좋다.
· 고사리는 삶은 다음 누런 물이 나오지 않을 때까지 찬물로 여러 번 헹군다.

묵은 나물

묵은 나물은 묵나물 혹은 진채(陳菜)라고 하는데, 정월대보름 절식으로 오곡밥과 함께 먹는다.
〈동국세시기〉에서 이때 나물을 먹어야 여름에 "더위를 먹지 않는다"라고 했다. 나물을 아홉 가지 만드는
이유는 '9'를 좋은 기운을 가진 숫자로 생각했기 때문이다. 건나물을 쌀뜨물에 삶으면 물에 녹아 있는
전분질의 영향으로 섬유질이 부드러워지고 쓴맛이 잘 우러난다.

취나물

취는 종류가 다양한데 그중 나물로 먹는 것은 참취다. 주로 어린잎을 먹고, 잎이 넓어 정월대보름에 김 대신
밥을 싸서 먹기도 한다. 생참취는 이른 봄에 먹는 대표적인 산나물이다.

말린 참취 50g
들기름 1큰술
양지머리 육수 1/2컵

양념
집간장 1작은술
다진파 1작은술
다진마늘 1작은술
들기름 1큰술
참기름 조금
깨소금 조금

기타
(불릴 때) 쌀뜨물

1 말린 참취 손질하기

① 말린 참취는 쌀뜨물에 담가 불렸다가 그 물에 삶는다.

② 부드러워지면 건져 찬물에 3~4회 헹군 뒤 다시 찬물에 담가 쓴맛을
빼낸다.

③ 물기를 꼭 짜고 4~5cm로 길이로 썬다. 부드러워지지 않은 줄기 부분은
잘라낸다.

2 참취 볶기

① 참취에 들기름과 집간장, 다진파, 다진마늘 등의 양념을 넣고 주물러
잠깐 둔다.

② 팬에 들기름을 두르고 볶는다. 거의 다 볶았으면 양지머리 육수를 붓고
고루 섞은 뒤 뚜껑을 덮고 약불에서 부드러워질 때까지 익힌다.

③ 마지막으로 참기름, 깨소금을 넣고 고루 섞는다.

도움말 ·

· 양지머리 육수를 붓는 대신 다진 쇠고기를 양념해 같이 볶기도 한다.
· 말린 참취는 집간장과 멸치액젓이나 까나리액젓 등의 맑은 액젓을 섞어 양념해도 맛있다.

죽순나물

말린 죽순나물은 생죽순과 달리 쫄깃한 맛이 있는데, 쌀뜨물에 삶아야 아린 맛이 제거된다.
〈임원경제지〉에서는 말린 죽순을 사용할 때 쌀뜨물에 담가 부드럽게 만들면 은처럼 하얗게 된다고 했다.

말린 죽순 50g
들기름 1큰술
양지머리 육수 1/2컵

양념
집간장 1작은술
다진파 2작은술
다진마늘 2작은술
참기름 2작은술
깨소금 2작은술

기타
(불릴 때) 쌀뜨물

1 **말린 죽순 손질하기**
① 말린 죽순은 쌀뜨물에 담가 불렸다가 그 물에 삶는다.
② 죽순이 부드러워지면 건져 찬물에 헹궈 물기를 짠다.

2 **죽순 볶기**
① 팬에 들기름을 두르고 약불에 볶으면서 집간장과 다진파, 다진마늘을 넣어 양념한다.
② 볶다가 양지머리 육수를 붓고 뚜껑을 덮은 채 약불에서 부드러워질 때까지 익힌다.
③ 죽순이 부드러워지면 간을 맞추고 참기름과 깨소금을 섞는다.

가지나물

말린 가지는 맛과 식감이 생가지와 완전히 다르며 조직이 연해 잘 무르기 때문에 물에 담가 불린 다음 삶지 않고 바로 볶는다. 식성에 따라 쇠고기와 양파를 채 썰어 같이 볶기도 한다.

말린 가지 50g
들기름 2큰술
양지머리 육수 2~3큰술

양념
집간장 1작은술
다진파 1큰술
다진마늘 1작은술
참기름 1큰술
깨소금 1작은술

1 **말린 가지 불려 손질하기**
① 말린 가지를 미지근한 물에 담가 불린 후 부드러워지면 찬물에 두세 번 헹궈 건져 물기를 짜낸다.
② 4cm 길이로 잘라 굵게 채 썰거나 길이로 찢는다.

2 **가지 볶기**
① 팬에 들기름을 두르고 가지를 볶다가 집간장과 다진파, 다진마늘을 넣어 양념한다.
② 양지머리 육수를 붓고 고루 섞은 후 뚜껑을 닫고 약불에서 익힌다.
③ 가지가 부드러워지면 불에서 내려 마지막으로 참기름과 깨소금을 넣고 버무린다.

도움말

· 양지머리 육수 대신 들깨즙을 넣기도 한다. 들깨즙은 다음과 같이 만든다. 먼저 들깨는 물에 씻어 잘 일어 돌과 잡물을 걸러내고 쓴다. 통들깨와 불린 멥쌀을 4:1 비율로 섞은 다음 2배 정도의 물을 부어 곱게 갈아 체에 거른다.
· 말린 가지는 너무 오래 볶으면 물러진다.

느타리버섯나물

자연산 느타리버섯으로 만든 나물이 더 맛있다. 맛있는 느타리버섯은 크기가 작으면서도 갓의 색이 진하고 줄기가 굵고 단단하며 탄력 있다.

말린 느타리버섯 50g
들기름 2큰술
양지머리 육수 1/4컵

양념
소금 1작은술
다진파 1큰술
다진마늘 1작은술
참기름 1큰술
깨소금 1작은술

1 **말린 느타리버섯 불리기**
① 말린 느타리버섯은 살짝 씻어 미지근한 물에 담가 부드러워질 때까지 불린다.
② 찬물에 헹궈 물기를 짠다.
③ 뿌리 쪽 딱딱한 부분은 잘라내고 5~6cm 길이로 잘라 결대로 길게 찢는다.

2 **느타리버섯 볶기**
① 팬에 들기름을 두르고 느타리버섯을 넣어 중불에서 살살 볶는다.
② 소금과 다진파, 다진마늘을 넣고 볶다가 양지머리 육수를 넣고 잘 섞어 뚜껑을 덮고 약불에서 익힌다.
③ 버섯이 부드러워지면 소금으로 간을 다시 맞추고 불에서 내려 참기름과 깨소금을 넣고 버무린다.

도움말

· <우리가 정말 알아야 할 우리 음식 백가지>에서는 자연산과 재배 느타리버섯의 차이점을 다음과 같이
  설명한다. 자연산 느타리는 쓴맛이 있고 진한 갈색을 띠는데 대부분 말린 상태로 유통되며, 재배한 느타리는
  향기가 거의 없는 대신 연하고 부드럽다.
· 버섯 종류의 나물은 양념을 강하게 하지 않는다. 간이 세면 버섯 특유의 맛과 향이 줄어든다.
· 간장보다는 소금으로 간을 해야 느타리버섯 고유의 색이 산다.

다래순나물

강원도 지방의 향토 음식으로 봄에 다래나무의 순을 따서 데쳐 말린 것을 물에 불려 나물로 무친다. 강원도 사람들은 말린 다래순으로 된장국도 끓인다.

말린 다래순 50g
들기름 2큰술
양지머리 국물 3~4큰술

양념장
집간장 1작은술
고추장 1작은술
고춧가루 조금
다진파 2큰술
다진마늘 1큰술
깨소금 1작은술

1   **말린 다래순 불리기**
① 말린 다래순을 따뜻한 물에 담가 불린 후 건져 찬물에 삶는다.
② 부드러워지면 불을 끄고 삶는 물에 그대로 담가두어 식힌다.
③ 찬물에 서너 번 헹군 후 다시 찬물에 담가 쓴맛을 우려낸다.
④ 쓴맛이 빠지면 건져 찬물에 헹궈 물기를 짜고 억센 줄기는 잘라낸다.

2   **다래순 볶기**
① 집간장과 고추장에 고춧가루, 다진파, 다진마늘을 섞어 양념장을 만든다.
② 팬에 들기름을 두르고 다래순을 넣어 살살 볶는다.
③ 양지머리 육수를 넣고 뚜껑을 덮어 약불에서 익힌다.
④ 다래순이 부드러워지면 불에서 내려 따뜻할 때 양념장을 섞어 간을 맞추고 깨소금을 뿌려 버무린다.

곤드레나물

강원도 지방 향토 음식으로, 식물성 단백질이 풍부해 예전에는 구황식물로 먹었다. 강원도 태백산에서 자생하며 매년 5~6월에 채취하는데, 맛이 담백하고 향이 좋다.

말린 곤드레 50g
들기름 2큰술
양지머리 육수 3큰술

양념
집간장 1작은술
다진파 2큰술
다진마늘 1큰술
참기름 1큰술
깨소금 1작은술

1   **말린 곤드레 불리기**
① 말린 곤드레는 뜨거운 물에 담가 불린 다음 건져 찬물에 넣고 삶는다.
② 부드러워지면 불을 끄고 삶은 물에 그대로 담근 채 식힌다.
③ 찬물에 서너 번 헹군 다음 찬물에 담가 쓴맛을 우려낸다. 다시 찬물에 헹궈 물기를 짜고 억센 부분은 잘라낸다.
④ 집간장과 다진파, 다진마늘로 양념해 잠시 그대로 둔다.

2   **곤드레 볶기**
① 팬에 들기름을 두르고 양념한 곤드레를 넣어 살살 볶는다.
② 양지머리 육수를 붓고 고루 섞은 후 뚜껑을 덮어 약불에서 익힌다.
③ 곤드레가 부드러워지면 불에서 내려 집간장으로 간을 맞추고 참기름과 깨소금을 넣고 버무린다.

아주까리잎나물

경상도 지방에서 많이 먹는 나물로, 특히 정월대보름에는 김 대신 복쌈을 싸서 먹었다. 아주까리는 피마자라고도 불린다.

말린 아주까리 잎 50g
들기름 3큰술
양지머리 육수 3큰술

양념
집간장 1작은술
다진파 1큰술
다진마늘 1큰술
참기름 2작은술
깨소금 1작은술

1   **말린 아주까리 잎 불리기**
  ① 말린 아주까리 잎을 뜨거운 물에 담가 불렸다가 건져 찬물에 넣고 삶는다.
  ② 부드러워지면 불을 끄고 찬물에 여러 번 헹군다.
  ③ 다시 찬물에 담가 쓴맛을 우려낸 다음 건져 물기를 짜낸다.

2   **아주까리 잎 볶기**
  ① 아주까리 잎을 한 잎씩 펴서 집간장과 다진파, 다진마늘로 바르듯 양념한 다음 고루 섞어 잠시 둔다.
  ② 팬에 들기름을 두르고 아주까리 잎을 넣어 살살 볶는다.
  ③ 양지머리 육수를 넣고 고루 섞은 후 뚜껑을 덮고 약불에서 익힌다.
  ④ 아주까리 잎이 부드러워지면 불에서 내려 집간장으로 간을 맞추고 참기름과 깨소금을 넣고 버무린다.

고구마줄기나물

경남 진주 지방의 향토 음식이다. 전라도에서는 바지락을 다져 넣고 양지머리 육수 대신 들깨즙을 넣어 무친다.

말린 고구마 줄기 50g
들기름 2큰술
양지머리 육수 3큰술

양념
집간장 1작은술
다진파 1큰술
다진마늘 2큰술
참기름 1큰술
깨소금 1작은술

1   **말린 고구마 줄기 불리기**
  ① 말린 고구마 줄기를 미지근한 물에 담가 불렸다가 건져 찬물에 넣고 삶는다.
  ② 부드러워지면 건져 찬물에 서너 번 헹궈 물기를 꼭 짠다.
  ③ 집간장과 다진파, 다진마늘을 넣고 고루 섞어 잠시 둔다.

2   **고구마 줄기 볶기**
  ① 팬에 들기름을 두르고 고구마 줄기를 넣어 살살 볶는다.
  ② 양념이 고구마 줄기에 스며들면 양지머리 육수를 넣고 고루 섞은 후 뚜껑을 덮고 약불에서 익힌다.
  ③ 고구마 줄기가 부드러워지면 불에서 내려 집간장으로 간을 맞추고 참기름과 깨소금을 넣어 버무린다.

도움말

· 고구마 줄기를 삶은 뒤 딱딱한 부분은 잘라낸다.
· 고구마 줄기를 말릴 때는 투명한 껍질을 벗겨 살짝 데친 다음 말린다.

토란대나물

토란은 고온성 작물이라 남부 지방에서만 자라기 때문에 경상도와 전라도의 향토 음식으로 발달했다.
마지막에 들깨즙을 넉넉히 부어 국물이 자작하게 만들어 먹어도 좋다.

말린 토란대 50g
들기름 2큰술
양지머리 육수 3큰술

양념
집간장 1작은술
다진파 2큰술
다진마늘 1큰술
참기름 1큰술
깨소금 1작은술

1 **토란대 불리기**

① 말린 토란대를 따뜻한 물에 담가 불린 후 건져 찬물에 넣고 삶는다.

② 부드러워지면 불을 끄고 삶은 물에 그대로 담가 식힌다.

③ 찬물에 여러 번 헹군 뒤 다시 찬물에 담가 아린 맛을 우려낸다.

④ 토란대를 찬물에 헹궈 건져 물기를 짠다.

⑤ 4~5cm 길이로 자른 다음 줄기가 굵으면 서너 갈래로 얇게 찢는다.

2 **토란대 볶기**

① 팬에 들기름을 두르고 토란대를 넣어 볶다가 집간장과 다진파,
다진마늘을 넣고 양념한다.

② 양념이 토란대에 스며들면 양지머리 육수를 넣고 뚜껑을 덮어
약불에서 익힌다. 눋지 않도록 가끔씩 젓는다.

③ 토란대가 부드러워지면 불에서 내려 집간장으로 다시 간을 맞추고
참기름과 깨소금으로 버무린다.

도움말

· 양지머리 육수 대신 들깨즙을 1컵가량 넣기도 한다.

구절판

구절판은 아홉 칸으로 나뉜 찬합 또는 그 찬합에 담는 음식을 모두 가리킨다. 음식 구절판은 밀부꾸미를 가운데에 놓고 둘레의 여덟 칸에 여러 가지 소를 담은 호화스러운 음식이다. 어울림이 중요하므로 특이한 향이 나는 부추 같은 채소는 넣지 않는 편이 낫다. 여기서 숫자 9는 길조, 구중천이나 구천, 백성, 우주를 의미한다.

쇠고기 200g
전복(또는 새우) 300g
불린 해삼 100g
오이 450g
당근 150g
표고버섯 25g
달걀 4~6개
식용유 1/4컵

부꾸미 반죽
밀가루 1½컵
물 2컵
소금 1½작은술

양념
집간장 1큰술
설탕 1/2큰술
다진파 2작은술
다진마늘 1작은술
생강즙 1/2작은술
참기름 1작은술
깨소금 1/2작은술
(후춧가루 1/4작은술)
배즙 1큰술

기타
(전복 손질) 굵은소금
(해삼 볶을 때) 생강즙
(채소 전처리) 소금
(황백 지단) 소금
후춧가루

1 쇠고기 채 썰어 볶기

① 쇠고기는 3~4cm 길이로 잘라 고깃결대로 곱게 채 썰어 핏물을 닦고 양념해 20분 정도 재운다.

② 약불에서 쇠고기채가 서로 붙지 않도록 젓가락으로 하나하나 떼면서 볶는다.

2 전복 채 썰어 볶기

① 전복은 껍데기째 솔에 굵은소금을 묻혀 문질러 닦는다. 검은 것이 남아 있지 않게 깨끗이 닦는다.

② 김이 오르는 찜통에 전복을 올려 살짝 찐 후 껍데기에서 분리한다.

③ 전복의 너울가지와 내장, 이빨을 떼어낸다.

④ 4~5cm 길이로 잘라 곱게 채 썰어 살짝 볶으면서 양념한다.

3 해삼 채 썰어 볶기

① 불린 해삼은 4~5cm로 길이로 잘라 곱게 채 썬다.

② 먼저 생강즙을 조금 넣고 버무린 다음 볶으면서 양념한다.

4 오이 채 썰어 볶기

① 오이는 소금으로 문질러 깨끗이 씻은 후 투명한 표피만 아주 얇게 벗기고 4~5cm 길이로 자른다.

② 자른 오이를 껍질 부분만 2mm 두께로 얇게 돌려 깎아 곱게 채 썬다.

③ 오이채를 소금에 절였다가 면 보자기로 싸서 물기를 꼭 짠다. 오이 짠 물은 따로 받아놓는다.

④ 팬에 오이 짠 물을 붓고 끓으면 오이채를 넣어 살짝 볶다가 양념한다.

⑤ 넓은 그릇에 펼쳐 빨리 식힌다.

5 당근 데쳐서 볶기

① 당근은 4~5cm 길이로 잘라 곱게 채 썬다.

② 끓는 소금물에 데쳐 찬물에 헹군 다음 체에 밭쳐 물기를 뺀다.

③ 팬에 기름을 조금 두르고 볶으면서 양념한다.

④ 넓은 그릇에 펼쳐 빨리 식힌다.

6   표고버섯 채 썰어 볶기

① 표고버섯은 불려 기둥을 떼어내고 물기를 짠다.

② 갓이 두꺼우면 3~4장으로 포 뜨듯이 얇게 저며 4~5cm 길이로 곱게
   채 썬다.

③ 채 썬 표고버섯을 양념에 버무린 다음 팬에 볶는다.

7   황백 지단 곱게 채 썰기

① 달걀은 노른자와 흰자를 분리해 각각 소금과 후춧가루를 조금 넣고
   잘 푼다.

② 황백 지단을 부쳐 4~5cm 길이로 각각 곱게 채 썬다.

8   밀가루 반죽으로 부꾸미 부치기

① 고운체로 내린 밀가루에 소금과 물을 넣고 묽게 개서 다시 체에 밭쳐
   반죽을 만든다.

② 팬에 기름을 두르고 밀가루 반죽을 가능한 한 얇게 부쳐 부꾸미를
   만들어 식힌다. 구절판 가운데 둥근 칸보다 조금 더 크게 부친다.

③ 원형 커터로 부꾸미를 잘라 구절판 가운데 칸에 들어갈 수 있게
   만든다.

9   구절판 꾸미기

① 준비한 재료를 구절판에 색 맞추어 담는다.

② 중앙에 부꾸미를 20장 정도 담는다.

도움말

· 쇠고기채를 볶을 때 여분의 배즙과 생강즙이 있으면 조금 더 넣는다. 수분이 많으면 채끼리 잘 붙지 않는다.
· 전복의 너울가지는 전복 아래쪽의 너울거리는 부위로, 먹을 수 있지만 곱게 채 썰기 위해 여기에서는 정리한다.
· 해삼은 뿔이 길수록 청정 지역에서 자란 것으로 질이 좋다.
· 불린 해삼 100g이 필요하면 건해삼 4~6개를 불려 준비한다. 해삼은 삶아 그 물에 그대로 담가 하룻밤 불려
  내장을 빼낸다. 그래도 해삼이 부드럽지 않으면 삶고 불리는 과정을 한 번 더 반복한다. 질에 따라 삶는 횟수가
  달라지므로 부들부들한 느낌이 들 때까지 삶고 식히는 과정을 반복한다.
· 밀가루는 반죽한 다음 차갑게 두어야 끈기가 더 잘 생기므로 냉장고에 넣어둔다.
· 준비한 재료를 구절판에 담고 위에 잣가루를 뿌리면 맛도 더 좋아지고 보기에도 아름답다.
· 상에 낼 때 초간장이나 겨자즙을 곁들인다. 초간장은 집간장에 설탕과 식초를 섞고 잣가루를 뿌려 만든다.
  겨자즙은 겨잣가루에 따뜻한 물을 조금 붓고 나무젓가락으로 개어 그릇째 따뜻한 곳에 엎어두었다가
  20~30분 지나 매운맛이 나면 식초, 설탕, 소금, 후춧가루를 넣고 잘 저어 만든다.
· 부꾸미 사이사이에 잣을 한 개씩 올려두면 먹을 때 떼기 쉽다.

두부무침
톳나물

톳은 고혈압과 변비 예방에 효과적인 식재료로 두부 외에 다진 풋고추, 무채, 쪽파, 양파와 같이 무치기도
한다. 여름에는 오이와 섞어 냉국을 만들면 별미다.

톳 200g
두부 100g
쪽파(흰 부분) 20g

양념
소금 1작은술
설탕 1/2작은술
다진마늘 1작은술
참기름 1큰술
깨소금 1큰술

기타
(톳 손질) 굵은소금

1 톳 손질하기
① 돌을 골라내고 톳을 굵은소금으로 주물러 깨끗이 씻는다.
② 끓는 물에 톳을 넣고 부드럽게 삶아 찬물에 헹궈 물기를 짠다.
③ 먹기 좋은 크기로 자른다.

2 두부 으깨기
두부는 굵은체에 내려 으깬 다음 면 보자기에 싸서 물기를 꼭 짠다.

3 쪽파 썰기
① 쪽파는 깨끗이 씻어 물기를 닦는다.
② 흰 부분만 3~4cm 길이로 잘라 채 썬다.

4 무치기
① 먼저 톳과 으깬 두부를 각각 양념을 넣고 따로 무친다.
② 양념한 톳과 두부, 쪽파채를 같이 넣고 가볍게 무쳐 골고루 섞는다.

죽순채

생죽순에 고기와 새우를 넣고 초간장으로 무친 음식으로, 식감과 향이 뛰어나고 새콤해 입맛을 돋운다.
죽순은 5월에 나오는 분죽과 6월에 나오는 왕죽이 재래종인데, 분죽이 가장 맛있다. 모양이 갸름하고
겉껍질이 노르스름한 밤색을 띠며 마디 간격이 길다. 아린 맛도 강하지 않다.

죽순 80g
대하 200g
쇠고기 100g
배 200g
오이 150g
당근 70g
잣가루 1큰술

고기 양념
집진간장 2작은술
설탕 1작은술
다진파 1작은술
다진마늘 1/2작은술
생강즙 1/4작은술
배즙 1큰술
참기름 1작은술
깨소금 1/2작은술
후춧가루 조금

초간장
집진간장 1작은술
소금 1/2작은술
설탕 1작은술
깨소금 1/2작은술
식초 1큰술

기타
(죽순 삶을 때) 속뜨물
(당근 데칠 때) 소금
(오이 전처리) 소금

1 **죽순 삶아 썰기**
① 죽순은 속뜨물에 삶아 아린 맛을 우려낸다.
② 죽순을 반으로 갈라 3cm 길이로 자른 다음 2mm 두께로 썰어
빗살 모양이 되게 한다.

2 **당근 썰어 데치기**
① 당근은 깨끗이 씻어 너비 1.5cm, 길이 2cm의 납작한 골패 모양으로 썬다.
② 끓는 소금물에 살짝 데친 다음 건져 넓은 그릇에 펼쳐 식힌다.

3 **오이 썰어 볶기**
① 오이는 소금으로 문질러 깨끗이 씻어 투명한 표피만 아주 얇게 벗기고
3cm 길이로 자른다.
② 껍질 부분만 도톰하게 돌려 깎아 당근처럼 너비 1.5cm, 길이 2cm의
납작한 골패 모양으로 썬다.
③ 소금에 절였다가 면 보자기로 싸서 물기를 꼭 짠다. 오이를 절인
소금물은 따로 받아놓는다.
④ 팬에 오이 짠 물을 붓고 끓으면 오이를 넣고 센불에서 빨리 볶은 후
넓은 그릇에 펼쳐 식힌다.

4 **쇠고기 채 썰어 볶기**
쇠고기는 결대로 채 썰어 핏물을 닦고 양념한다. 약불에서
쇠고기채가 서로 붙지 않도록 젓가락으로 하나하나 떼면서 볶는다.

5 **새우 손질해 찌기**
① 새우는 깨끗이 씻어 긴 수염과 발을 자르고 꼬리의 검은 부분을
긁어낸다. 꼬리 가운데 있는 삼각형 물주머니를 잘라내고 등쪽의 내장도
가는 꼬챙이로 꺼낸다.
② 새우 등쪽에 긴 꼬챙이를 꽂아 모양을 일자로 잡아 김이 오르는 찜통에
올려 찐다. 따뜻할 때 꼬챙이를 빼고 껍질을 벗겨 길이 3cm, 두께 2mm로
도톰하게 저민다.

6 **배 썰기**
배는 씻어 껍질을 벗긴 뒤 너비 1.5cm, 길이 2cm의 납작한 골패 모양으로
썬다.

7 **죽순채 무치기**
준비한 재료를 모두 넣고 조심스럽게 고루 섞은 다음 초간장을 넣어 살살
무친다. 그릇에 담고 잣가루를 뿌린다.

도움말

· 각 식재료의 무게는 모두 가식부의 무게다.

· 죽순 80g이 필요하면 껍질 벗기지 않은 생죽순은 3배 정도, 그러니까 240g 이상 준비한다.

· 생죽순 껍질을 벗기는 법은 다음과 같다. 생죽순 껍질을 위쪽에서 1/3 정도 되는 부분까지 사선으로 잘라
버리고 안쪽 죽순에 닿지 않도록 껍질 부분에만 세로로 칼집을 넣는다. 칼집 부분을 조심스럽게 양쪽으로
벌려 껍질을 벗겨내면 하얀 죽순이 나온다.

월
과
채

월과는 호박을 가리키는 옛말로, 더운 여름에 잡채 대신 월과채를 만들어 먹었다. 잡채보다 채소를 좀 더 크게 썰고 찹쌀 전병을 부처 썰어 넣었다. 〈규합총서〉에서 기록을 찾을 수 있는데, 주먹만 한 어리고 연한 호박을 갓 따서 썰고 돼지고기는 저미고 쇠고기는 다져, 파와 고추, 석이버섯을 넣고 볶아 만들었다. 특별히 안주로 먹을 때는 찹쌀 전병을 돈짝(엽전)만 하게 지져 섞었다.

애호박 300g
쇠고기 100g
표고버섯 20g
느타리버섯 100g
잣가루 1큰술

찹쌀 전병
찹쌀가루 1/2컵
소금 조금

양념
집진간장 1작은술
소금 1작은술
꿀 1작은술
다진파 1작은술
다진마늘 1작은술
생강즙 1/2작은술
참기름 1작은술
깨소금 1작은술

기타
(애호박 절일 때) 소금

1 **애호박 볶기**
① 애호박은 씻어 물기를 닦고 반으로 갈라 씨 부분을 얇은 숟가락으로 긁어낸다.
② 애호박을 5mm 두께로 썬다. 썬 모양이 초승달 같다.
③ 소금에 살짝 절였다가 면 보자기에 싸서 꼭 짠다. 애호박 짠 물은 따로 받아놓는다.
④ 팬에 애호박 짠 물을 붓고 끓으면 애호박을 넣어 물이 없어질 때까지 볶는다.
⑤ 볶으면서 양념해 넓은 그릇에 펼쳐 식힌다.

2 **쇠고기 다져서 볶기**
① 쇠고기는 살코기만 곱게 다져 핏물을 닦아내고 양념해 팬에 볶는다.
② 볶은 쇠고기를 한 번 더 다져 곱게 만든다.

3 **버섯 채 썰어 볶기**
① 표고버섯은 불려 기둥을 떼어내고 물기를 짠다. 갓이 두꺼우면 3~4장으로 포 뜨듯이 얇게 저며 곱게 채 썰고 양념해 볶는다.
② 느타리버섯은 깨끗이 씻어 곱게 찢어 양념해 볶는다.

4 **찹쌀 전병 만들어 썰기**
① 찹쌀가루에 소금을 넣고 뜨거운 물로 익반죽해 말랑해질 때까지 오래 치댄다.
② 찹쌀 반죽을 떼어 사각형으로 납작하게 빚어 팬에 지진다.
③ 찹쌀 전병이 식으면 길이 3cm, 너비 5mm로 썬다.

5 **섞어 담기**
① 먼저 찹쌀 전병 썬 것을 다진 쇠고기에 하나씩 넣어 서로 달라붙지 않도록 섞는다.
② 애호박과 버섯을 넣고 고루 섞은 후 싱거우면 소금을 조금 더 넣어 간을 맞춘다.
③ 그릇에 담고 잣가루를 뿌린다.

싸리버섯 나물

싸리비처럼 생겼다 해서 싸리버섯이라 불리는데, 그중 보랏빛이 나는 살이 두꺼운 싸리버섯은 독이 없어 우리지 않고 바로 조리해 먹어도 된다. 8월 초부터 10월까지 산에서 채취 가능하고 나물로 무치면 담백한 맛이 난다.

싸리버섯 120g
쇠고기 100g
식용유 1작은술

고기 양념
집간장 2작은술
설탕 1작은술
다진파 2작은술
다진마늘 1작은술
참기름 1작은술
깨소금 1/2작은술
후춧가루 조금

양념
집간장 조금
참기름 1작은술

고명
달걀 1개
홍고추 5g

기타
(버섯 다듬을 때) 속뜨물
소금
(황백 지단) 소금
후춧가루

1 **싸리버섯 손질해서 썰기**
① 싸리버섯은 다듬어 모래와 흙을 깨끗이 씻는다. 잘 부서지므로 조심스럽게 다룬다.
② 갈라진 버섯의 윗부분은 손으로 쪼개고 아래 기둥 부분은 비슷한 두께로 채 썬다.
③ 속뜨물에 소금을 조금 넣고 삶은 다음 헹궈 찬물에 하룻밤 담가둔다.

2 **쇠고기 채 썰어 양념하기**
① 쇠고기는 싸리버섯 길이만큼 잘라 결대로 곱게 채 썰어 핏물을 닦는다.
② 고기 양념을 넣고 고루 버무린다.

3 **황백 지단채 준비하기**
① 달걀은 노른자와 흰자를 분리해 각각 잘 풀어놓는다.
② 황백 지단을 부쳐 각각 채 썬다.

4 **싸리버섯과 쇠고기채 볶기**
① 팬에 기름을 두르고 먼저 쇠고기채를 넣어 약불에서 하나하나 떨어지도록 볶는다.
② 쇠고기채가 어느 정도 익으면 싸리버섯을 넣고 계속 볶는다.
③ 집간장으로 간 맞추고 불에서 내려 참기름을 넣어 무친다.

5 **그릇에 담아 고명 올리기**
싸리버섯쇠고기볶음을 그릇에 담고 위에 황백 지단채와 채 썬 홍고추를 얹는다.

도움말

· 버섯이나 나물은 쌀뜨물에 삶으면 아린 맛이나 떫은맛을 잘 뺄 수 있다.
· 속뜨물은 쌀을 두 번째나 세 번째 씻은 뜨물로, 첫 번째 쌀뜨물보다 잡물이나 유해 물질이 들어 있지 않다.

더덕보푸라기무침

북어와 대구, 민어로 만드는 보푸라기무침처럼 더덕을 가늘게 뜯어 보풀려서 세 가지 빛깔로 무쳤다. 더덕의 향이 살아 있고 술안주나 가벼운 밑반찬으로 알맞다.

더덕 200g
잣가루 조금

소금 양념
소금 1/3작은술
설탕 1/3작은술
식초 1/3작은술
참기름 1/3작은술

간장 양념
집간장 1/2작은술
설탕 1/3작은술
식초 1/3작은술
참기름 1/3작은술

고춧가루 양념
고운 고춧가루 조금
소금 1/3작은술
설탕 1/3작은술
식초 1/3작은술
참기름 1/3작은술

기타
(전처리) 소금

1 **더덕 찧어 보풀리기**
① 더덕 껍질을 벗기고 소금물에 담가 쓴맛을 우려낸다.
② 건져 물기를 닦아내고 절구에 넣고 오래 찧어 보풀린다.
③ 체에 밭쳐 더덕즙을 빼내고 꼭 짠다.
④ 아직 보풀지 않은 것이 남았으면 결대로 뜯어 살살 보풀린다.

2 **세 가지 색깔로 무치기**
① 더덕을 3등분해 그중 1/3 분량에 소금과 설탕을 넣고 살살 버무린 다음 식초와 참기름을 조금 넣어 무친다.
② 다른 1/3 분량은 집간장과 설탕을 넣고 살살 버무려 간장 빛깔을 낸 다음 식초와 참기름을 조금 넣어 무친다.
③ 나머지 1/3 분량에는 고운 고춧가루와 소금, 설탕을 넣고 버무려 붉은빛을 낸 다음 식초와 참기름을 조금 넣어 무친다.

3 **잣가루 고명 올리기**
세 가지 더덕 보푸라기를 그릇에 담고 각각 잣가루를 솔솔 뿌린다.

도움말

· 수더덕은 매끈하고, 암더덕은 통통하고 털이 있다.
· 더덕은 흙을 씻어낸 다음 살짝 굽거나 냉장고에서 건조시키면 쉽게 껍질을 벗길 수 있다.
· 더덕즙은 버리지 말고 다른 요리에 활용하거나 술 담글 때 넣는다.

족채

족채는〈이조궁정요리통고〉에 기록된 조선시대 궁중 음식이다. 푹 삶은 족편과 편육을 채 썰어서 버섯과 채소의 채를 섞어 겨자로 무친다. 냄새가 없고 느끼하지 않으며 소화가 잘되어 주로 집안의 어른이나 귀한 손님을 위해 상을 차릴 때 냈다. 족채에 들어가는 우족은 옛날에는 암소의 앞다리로만 만들었는데, 암소는 냄새가 나지 않고 앞다리는 뒷다리보다 힘을 덜 써 부드럽기 때문이다.

우족 300g
양지머리 200g
돼지머리 편육 150g
전복 1마리
배 200g
미나리 100g
숙주 200g
건목이버섯 10g
달걀 2개
잣 2큰술
겨자즙 2~3큰술

겨자즙
겨자 1큰술
소금 1½큰술
설탕 2작은술
식초 1큰술
후춧가루 1/4작은술

양념
집간장 조금
설탕 조금
참기름 1큰술
깨소금 1작은술

기타
(우족 밑간) 소금
생강즙
후춧가루
(양지머리와 돼지고기 삶을 때) 양파 1/4개
생강편 2쪽
마늘 2쪽
대파 1뿌리
(전복 손질) 굵은소금
(미나리와 숙주 데칠 때) 소금
(황백 지단) 소금
후춧가루

1 우족 삶아 채 썰기
① 암소의 앞다리를 끓는 물에 데쳐 불순물을 제거한다.
② 데친 우족을 찬물에 넣고 무르도록 오래 삶아 건진다.
③ 300g만 얇게 저며 채 썰어 소금과 생강즙, 후춧가루를 조금 뿌려 재운다.

2 양지머리 편육 만들어 채 썰기
① 양지머리는 찬물에 담가 핏물을 뺀다.
② 물을 끓여 양지머리와 양파와 대파, 생강, 마늘을 같이 넣어 두 시간 정도 삶는다.
③ 도마 위에 베 보자기를 깔고 양지머리를 올려 꼭꼭 싼다. 위에 도마를 얹고 무거운 돌이나 맷돌로 누른다.
④ 잘 눌러졌으면 베 보자기를 풀어 표피를 얇게 저민다.
⑤ 4~5cm 길이로 잘라 고깃결대로 채 썬다.

3 돼지머리 편육 채 썰기
돼지머리 편육을 4~5cm 길이로 채 썬다.

4 전복 삶아 채 썰기
① 전복은 솔에 굵은소금을 묻혀 문질러 닦는다. 검은 것이 남아 있지 않게 깨끗이 닦는다.
② 김이 오르는 찜통에 전복을 올려 살짝 찐 후 껍데기에서 분리한다.
③ 전복의 너울가지와 내장, 이빨을 떼어낸다.
④ 식으면 얇고 넓게 저며 4~5cm 길이로 채 썬다.

5 배와 목이버섯 채 썰기
① 배는 껍질을 벗겨 4~5cm 길이로 잘라 채 썬다.
② 목이버섯은 따뜻한 물에 불려 칼집을 넣어 넓게 펴서 깨끗이 씻은 후 한 장씩 뜯어 채 썬다.

6 미나리와 숙주 손질해 데치기
① 미나리는 연한 줄기만 골라 4cm 길이로 썰어 소금물에 데친 후 찬물에 헹궈 물기를 짠다. 줄기가 억세면 껍질을 벗긴다.
② 숙주는 머리와 꼬리를 뗀 다음 씻어 소금물에 살짝 데친다. 찬물에 헹궈 물기를 짠다.

7   **겨자즙 만들기**

① 겨잣가루에 따뜻한 물을 조금 붓고 나무젓가락으로 개어 그릇째 따뜻한 곳에 엎어둔다.

② 20~30분 지나 매운맛이 나면 소금과 식초, 설탕, 후춧가루를 넣고 잘 섞는다.

8   **황백 지단과 잣 고명 준비하기**

① 달걀은 노른자와 흰자를 분리해 각각 소금과 후춧가루를 조금 넣고 잘 풀어 황백 지단을 부친 뒤 4~5cm 길이로 채 썬다.

② 잣은 고깔을 떼고 마른행주로 닦는다.

9   **모든 재료 섞어 양념하기**

① 준비한 재료를 모두 넣고 젓가락으로 살살 섞어 집간장과 설탕, 참기름, 깨소금으로 양념한다.

② 약불에 올려 살살 뒤적이면서 따뜻하게 데워 그릇에 담는다.

③ 잣과 황백 지단채를 고명으로 올리고 겨자즙을 곁들여 낸다.

도움말

· 각 식재료의 분량은 가식부의 분량이다. 채소와 과일은 명시한 분량의 1.5배를 준비해 손질한다.
· 전복의 너울가지는 전복 아래쪽의 너울거리는 부위로, 먹을 수 있지만 곱게 채 썰기 위해 여기에서는 정리한다.
· 우족 반 개를 삶아 그중 300g만 사용한다.
· 건목이버섯 10g을 물에 불리면 50g 정도가 된다.
· 겨자즙을 만들 때는 감식초를 쓰는 것이 좋다.

삼합장과

장과는 장아찌의 한자 표기다. 삼합장과는 전복과 홍합, 해삼 말린 것을 불려 집진간장에 조린 호화스러운 음식으로 구첩 반상 이상의 상에만 올렸다. 두 가지 건어물로 만드는 이합장과는 5첩반상이나 7첩반상에도 올렸다.

건홍합 10개
건해삼 3개
생전복 2개
쇠고기 50g
식용유 1작은술

고기 양념
집간장 1작은술
설탕 1/2작은술
참기름 2작은술
깨소금 1/2작은술
생강즙 1작은술
후춧가루 조금

조림 양념
집진간장 2큰술
다진파 1작은술
다진마늘 1작은술
생강즙 1작은술
참기름 1큰술

기타
(전복 손질) 굵은소금

1 **건홍합 손질해 저미기**
① 건홍합은 미지근한 물에 담가 2~3시간 불린다.
② 수염을 떼어내고 양쪽의 얇은 막을 벗긴다.
③ 깨끗이 씻어 물기를 닦고 넓게 저민다.

2 **건해삼 손질해 저미기**
① 해삼은 삶아 그 물에 그대로 담가 하룻밤 불려 내장을 빼낸다. 해삼이 아직 부드럽지 않으면 삶아 불리는 과정을 한 번 더 반복한다.
② 깨끗이 씻어 물기를 닦고 길이로 반을 잘라 3등분한다.

3 **전복 손질해 저미기**
① 껍데기째 솔에 굵은소금을 묻혀 문질러 닦는다. 검은 것이 남지 않게 깨끗이 닦는다.
② 김이 오르는 찜통에 전복을 올려 살짝 찐다.
③ 껍데기에서 분리한 다음 전복의 너울가지와 내장, 이빨을 뗀다.
④ 전복을 넓고 얇게 저민다.

4 **쇠고기 저며 양념하기**
① 쇠고기는 전복 크기만 하게 편으로 썰어 핏물을 닦는다.
② 양념해서 약불에서 볶는다.

5 **조림 양념에 조리기**
① 바닥이 두꺼운 냄비에 기름을 두르고 손질한 홍합과 전복, 해삼을 넣고 볶는다.
② 쇠고기를 넣어 볶다가 조림 양념을 넣고 국물이 거의 없어질 때까지 조린다.

· 홍합의 얇은 막은 쓴맛이 나므로 떼어내는 편이 좋다.
· 전복의 너울가지는 전복 아래쪽의 너울거리는 부위로, 먹을 수 있지만 곱게 썰기 위해 여기에서는 정리한다.

오
이
통
장
과

장과는 제철에 채소를 간장이나 고추장, 된장에 넣어 장기간 저장하는 음식이다. 그중 채소를 양념해 볶거나 조린 장아찌는 숙장과, 또는 갑자기 만들었다 해서 갑장과라 불렸다. 오이나 무, 열무 등으로 만드는데 보통 쇠고기를 양념해 같이 넣었다. 통장과라는 이름은 오이를 통으로 잘라 만들어 붙은 이름이다.

어린 오이 6개
쇠고기 50g
잣가루 1/2작은술
식용유 1작은술

고기 양념
집간장 1작은술
설탕 1/2작은술
다진파 1작은술
다진마늘 1/2작은술
생강즙 1/4작은술
참기름 1작은술
깨소금 1/2작은술
후춧가루 조금

조림간장
집진간장 1큰술
설탕 1작은술

기타
(오이 전처리) 굵은소금
소금

1   오이 씻어 절이기

① 어린 오이를 굵은소금으로 문질러 깨끗이 씻어 두 도막으로 자른다.

② 양쪽 끝을 1cm씩 남기고 중간에 길게 칼집을 세 번 넣는다. 오이의 가운데만 세 갈래로 갈라진 모양이 된다.

③ 오이를 소금에 잠깐 절였다가 찬물에 헹군 다음 오이 도막을 하나씩 행주에 싸서 꼭 쥐어 물기를 뺀다.

2   오이에 쇠고기소 채우기

① 쇠고기는 살코기만 곱게 다져 핏물을 닦아내고 양념한 다음 점성이 생길 정도로 치댄다.

② 오이에 낸 칼집에 쇠고기소를 꼭꼭 채운다. 오이를 손으로 살짝 쥐었을 때 쇠고기소가 밖으로 비어져 나오지 않을 만큼만 넣어 원래 오이 모양처럼 보이게 만든다.

3   오이통장과 조리기

① 먼저 팬에 기름을 두르고 소 채운 오이를 굴려 빛깔을 선명하게 만든다.

② 조림간장 재료를 넣고 잠깐 조린다.

③ 접시에 담고 잣가루를 뿌린다.

도움말

· 쇠고기는 기름기가 없으면 어떤 부위도 괜찮다.
· 쇠고기소는 점성이 생길 정도로 많이 치대야 오이에 채워 넣었을 때 부스러기가 생기지 않는다.

쪽
장
과

무와 오이, 당근처럼 일상적으로 많이 쓰는 채소에 쇠고기를 함께 넣고 간장으로 조린 음식이다. 다른 음식을
만들고 남은 채소로 만들면 좋다. 장과는 장아찌의 옛 이름이다.

쇠고기 100g
무 150g
오이 150g
당근 150g
양파 100g

절임 간장
집진간장 1/2컵

고기 양념
집간장 1작은술
꿀 1작은술
다진파 2작은술
다진마늘 2작은술
참기름 2작은술
깨소금 1작은술
후춧가루 조금

조림간장
집진간장 1큰술
설탕 1작은술
마늘편 10g
생강편 10g

고명
홍고추 20g
잣가루 조금

1   채소 준비하기

① 무는 씻어 물기를 닦고 2cm 길이로 자른 다음 너비 1.5cm, 두께 5mm로
작고 납작하게 썬다.

② 오이는 씻어 물기를 닦고 2cm로 길이로 자른다. 자른 오이의 껍질 쪽을
5mm 두께로 돌려 깎아 너비 1.5cm로 썬다.

③ 당근과 양파도 씻어 물기를 닦고 무와 오이처럼 너비 1.5cm, 길이 2cm,
두께 5mm로 썬다.

④ 홍고추는 2cm 길이로 잘라 씨를 털어내고 곱게 채 썬다.

2   채소 절이기

① 썰어놓은 무와 오이, 양파, 당근에 집진간장을 버무려 절인다.

② 채소에 간장이 고루 배면 체에 건진다.

3   쇠고기채 볶기

① 쇠고기를 2cm 길이로 잘라 결대로 굵게 채 썰어 핏물을 닦고 양념한다.

② 약불에서 쇠고기채가 서로 붙지 않도록 젓가락으로 하나하나 떼면서
볶는다.

4   간장에 조리기

① 쇠고기채가 다 볶아지면 절인 채소와 조림간장을 넣고 고루 섞어 살짝
조린다.

② 그릇에 담고 잣가루를 뿌린다.

도움말

· 남은 채소로 만드는 음식이므로, 위의 채소 중 한두 가지만 넣어서 만들기도 한다.

장김치

소금에 절이고 소금과 젓국으로 간을 맞추는 일반적인 김치와 달리, 간장으로 절이고 간까지 하기 때문에 장김치란 이름이 붙었다. 젓갈이나 소금이 전혀 들어가지 않아 간장과 채소가 어우러져 발효되면서 아주 독특한 맛이 만들어진다. 정월 초하루 설날 절식으로, 떡국상에 올렸다.

배추 400g
배 400g
단감 170g
무 150g
갓 100g
미나리 100g
밤 100g
대추 50g
쪽파(흰 부분) 50g
마늘 50g
생강 30g
표고버섯 10g
석이버섯 5g
잣 1큰술

절임용
집진간장 1/4컵

간장 국물
집간장 3큰술
물 6컵
설탕(또는 꿀) 3큰술

1 배추와 무 썰어 절이기
① 배추의 푸른 겉잎을 떼 소금에 따로 절인다. 나중에 김치를 항아리에 담은 뒤 위를 덮는 우거지용이다.
② 배춧잎을 한 장씩 떼 깨끗이 씻어 길이 3.5cm, 너비 3cm로 썬다.
③ 무는 단단하고 바람이 들지 않은 것으로 골라 깨끗이 씻어 배추보다 조금 작고 납작하게 썬다.
④ 배추를 먼저 집진간장으로 절인 다음, 무도 집진간장으로 절인다.

2 채소 다듬어 썰기
① 갓은 씻어 줄기 부분만 3.5cm 길이로 자른다. 줄기가 굵으면 채 썬다.
② 미나리는 씻어 줄기 부분만 3.5cm 길이로 자른다. 굵으면 채 썬다.

3 버섯 준비하기
① 표고버섯은 불려 기둥을 떼고 물기를 짠다. 갓이 두꺼우면 3~4장으로 포 뜨듯이 얇게 저며 골패 모양으로 썬다.
② 석이버섯은 뜨거운 물에 불려 손바닥으로 문질러 씻어 이끼와 배꼽을 떼고 물기를 닦는다. 돌돌 말아 곱게 채 썰어 마른 팬에 살짝 볶는다.

4 밤과 대추, 잣 손질하기
① 밤은 겉껍질과 보늬를 벗기고 얄팍하게 편으로 썬다.
② 대추는 돌려 깎아 씨를 빼고 골패 모양으로 썬다.
③ 잣은 고깔을 떼고 살짝 씻어 물기를 닦는다.

5 단감과 배 껍질 벗겨 썰기
단감과 배는 껍질을 벗겨 씨 부분을 잘라내고 길이 3.5cm, 너비 3cm 크기로 썬다.

6 쪽파, 마늘과 생강 채 썰기
① 쪽파는 흰 부분만 3.5cm 길이로 잘라 채 썬다.
② 마늘과 생강은 곱게 채 썬다.

7 버무려 항아리에 담고 국물 붓기
① 절인 배추를 건져 채반에 올려 절임 간장을 뺀다.
② 절인 배추와 무에 준비한 재료를 모두 넣고 버무려 김치를 담가 항아리에 꼭꼭 채우고 하룻밤 동안 재운다.
③ 다음 날 간장 국물을 간 맞춰 만들어 김치에 붓는다.
④ 따로 절인 배추의 푸른 겉잎으로 김치 위를 빈틈없이 잘 덮는다.

도움말

· 재료의 채소 분량은 껍질이나 씨 등을 제외한 가식부의 분량이다. 원재료는 재료 분량의
  1.5배로 준비한다.
· 배추와 무를 절였던 간장은 체에 밭쳐 잡물을 걸러낸 뒤 다시 간장 국물에 섞어 쓴다.
· 맑은 김치 국물을 원하면 미나리와 설탕은 먹기 직전에 넣는 것이 좋다.

백김치

백김치는 국물이 많고 고추가 적게 들어가기 때문에 젖산발효가 빨리 일어나 오래 두고 먹을 수 없다. 적당한 분량만 담근다.

배추 5통
무 3개

김치소
갓 200g
미나리 60g
배 300g
단감 150g
쪽파 80g
밤 200g
통잣 1/4컵
대추 100g
석이버섯 10g
마늘 100g
생강 40g
생청각 50g
홍고추 60g

소 양념
조기젓국(또는 까나리액젓) 조금
소금 조금

김치 국물
양지머리 육수 5컵
조기젓국 조금
소금 조금

기타
(배추 절일 때) 굵은소금 1kg

1 **배추 절이기**
① 배추의 푸른 겉잎은 떼어내 소금물(물 6 : 소금 1)에 담가 짜게 절인다. 잘 절여지면 찬물에 헹궈 채반에 밭쳐 물기를 뺀다.
② 겉잎을 떼어낸 배추는 작으면 두 쪽, 크면 네 쪽으로 갈라 소금물(물 10 : 소금 1)에 살짝 절인다.
③ 다 절여지면 부서지지 않게 살살 헹궈 채반에 밭쳐 물기를 잘 뺀 다음 밑동을 자른다.

2 **무 채와 도막으로 썰기**
① 무는 깨끗이 씻어 그중 1kg은 4cm 길이로 잘라 채를 썬다.
② 나머지 무는 큼직하게 잘라 소금을 조금 뿌려 절인다.

3 **갓과 미나리 채 썰기**
① 갓은 깨끗이 씻어 물기를 빼고 줄기 부분만 4cm 길이로 자른 후 굵으면 채 썬다. 잎은 따로 모아둔다.
② 미나리는 깨끗이 씻어 물기를 빼고 줄기만 4cm 길이로 자른 후 굵으면 채 썬다. 잎은 따로 모아둔다.

4 **배와 단감 채 썰기**
① 배는 껍질을 벗겨 과육만 4cm 길이로 잘라 채 썬다.
② 단감은 껍질을 벗겨 과육만 4cm 길이로 잘라 채 썬다.

5 **대추와 잣, 밤 손질하기**
① 대추는 돌려 깎아 씨를 빼고 채 썬다.
② 잣은 고깔을 떼고 물에 살짝 헹궈 물기를 닦는다.
③ 밤은 겉껍질과 보늬를 벗기고 곱게 채 썬다.

6 **쪽파와 마늘, 생강, 홍고추 준비하기**
① 쪽파는 깨끗이 씻어 물기를 닦고 흰 줄기 부분만 4cm로 잘라 채 썬다. 푸른색 잎 부분은 4cm 길이로 썰어 따로 모아둔다.
② 마늘과 생강은 곱게 채 썬다.
③ 홍고추도 씻어 칼집을 넣어 씨를 빼내고 곱게 채 썬다.

7 **석이버섯 채 썰기**
① 석이버섯은 뜨거운 물에 불려 손바닥으로 비벼 깨끗이 씻고 이끼와 배꼽을 뗀 다음 물기를 닦는다.
② 돌돌 말아 채를 썬다.

202

8 **청각 다지기**

청각은 찬물에 문질러 씻어 여러 번 헹군다. 물기를 짜고 곱게 다진다.

9 **소 양념하기**

① 무채에 소금을 넣어 버무린 다음 홍고추채를 넣고 비벼 붉은 물을
들인다.

② 무채에 온갖 채와 청각 다진 것, 잣을 넣고 고루 섞는다.

③ 조기젓국과 소금을 넣고 간간하게 간을 맞춘다.

10 **배추에 소 넣고 묶기**

① 배추의 잎 끝 쪽을 한 손으로 모아 잡고 잎을 한 장씩 펴면서 잎마다
소를 고르게 펴 바른다.

② 양념을 바른 배춧잎들을 모은 다음 오므려 흐트러지지 않게 겉잎으로
싸서 실로 묶는다.

11 **채소의 푸른 잎 섞기**

① 손질할 때 따로 모아놓은 갓과 미나리, 쪽파의 푸른 잎을 골고루 섞는다.

② 섞은 잎으로 김치 버무린 그릇과 양념 그릇을 한 번씩 훑어 살짝이라도
간이 배게 한다.

12 **항아리에 담기**

① 항아리에 실로 묶은 배추를 한 켜 깔고 그 위에 절인 무를 한 켜 올린다.

② 배추와 무의 사이사이에 푸른 잎을 넣고 맨 위는 배추의 푸른 겉잎으로
덮는다.

③ 하루 뒤 양지머리 육수를 조기젓국과 소금으로 간을 맞추어 김치에
붓는다.

도움말

· 김치소에 들어가는 채소 분량은 껍질이나 씨 등을 제외한 가식부의 분량이다. 원재료는 위 분량의 1.5배로
준비한다.
· 배추는 끝이 살짝 벌어진 것이 더 맛있다. 속이 차고 길이가 길며 잎사귀가 많은 것으로 고른다.
· 배추의 잎 끝까지 칼로 갈라 자르면 절일 때 소금물이 잘 스며들지 않는다. 줄기의 반 정도까지만 칼로 가르고
나머지는 손으로 쪼개듯이 벌린다.
· 무 3개는 3~3.5kg이다.
· 청각은 깨끗이 씻은 후 기호에 따라 다져서 양념에 섞기도 하고 통째로 켜켜로 놓아 냄새만 나도록 하기도
한다. 젓갈과 생선의 비린내, 마늘 냄새를 중화해 뒷맛이 개운해진다.
· 조기젓국은 조기젓의 국물이다.

풋고추 소박이김치

소박이는 소를 넣어 담근 김치로, 오이와 가지, 고추 등 다양한 재료로 만들 수 있다. 소박이는 우리 민족이 오래전부터 담그던 김치 형태로 최초의 문헌상 기록은 〈증보산림경제〉의 오이소박이다. 날로도 먹는 풋고추로 담근 김치라 바로 먹을 수 있지만 3~4일이 지나 익은 뒤에 먹어도 맛있다. 오래 두면 껍질이 아삭하지 않고 질겨져 맛도 떨어진다.

풋고추 400g
소금 1큰술

김치소
배 80g
사과 40g
당근 30g
밤 70g
쪽파 30g
마늘 30g
생강 20g

소 양념
고운 고춧가루 1/3컵
까나리액젓 1/3컵

1 풋고추 절이기
① 풋고추의 꼭지를 따고 깨끗이 씻어 건진다.
② 소금을 뿌려 살짝 절였다가 찬물에 헹궈 물기를 뺀다.
③ 고추의 꼭지와 끝을 각각 1cm 정도 남기고 몸통에 길게 칼집을 넣고 씨를 털어낸다. 씨가 많지 않은 고추는 그냥 쓴다.

2 소 준비하기
① 배와 사과는 깨끗이 씻어 물기를 닦고 껍질을 벗겨 과육 부분만 2cm 길이로 곱게 채 썬다.
② 당근은 깨끗이 씻어 껍질을 벗긴 다음 2cm 길이로 잘라 곱게 채 썬다.
③ 밤은 겉껍질과 보늬를 모두 벗기고 납작하게 편으로 썬 뒤 다시 곱게 채 썬다.
④ 쪽파는 깨끗이 씻어 물기를 닦아내고 2cm 길이로 잘라 곱게 채 썬다.
⑤ 마늘과 생강도 곱게 채 썬다.
⑥ 위 재료를 골고루 잘 섞어놓는다.

3 소 만들기
① 고춧가루는 미리 까나리액젓을 부어 덩어리가 남지 않게 잘 푼다.
② 소 재료에 불린 고춧가루를 넣어 고루 섞는다. 젓가락으로 하면 잘 섞인다.

4 김치 담기
① 고추의 칼집에 소를 꼭꼭 넣고 살짝 쥐어 모양을 잡는다.
② 항아리에 가지런히 눌러 담고 쪽파의 푸른 잎으로 위를 덮는다.
③ 소 양념 그릇에 물을 조금 넣고 부셔 그릇에 붙어 있는 양념을 모은다. 물에 소금을 넣고 간을 맞추어 김치에 자작하게 붓는다.

도움말

· 소에 쓰이는 채소 분량은 가식부의 분량이다. 원재료는 위 분량의 1.5배를 준비한다.
· 풋고추는 10~20분 동안 물에 담가 잔류 농약을 제거하고 하나씩 흐르는 물에 씻어 건진다.
· 풋고추를 두 손바닥 사이에 놓고 비비면 씨가 쉽게 떨어진다.

쌈
김
치

개성 지방의 대표적인 김치로, 잎이 길고 넓은 개성배추를 재배하기 시작한 19세기 말 이후 탄생했다.
쌈김치는 공기가 들어가면 맛이 떨어지므로 옛날에는 전용 단지에 하나씩 넣어 저장했다고 한다.

배추 4통
무 2개
사과 2개
배 2개
밤 10개
갓 300g
미나리 200g
쪽파(흰 부분) 120g
생굴 600g
낙지 3마리
잣 1/2컵

양념
고운 고춧가루 1컵
실고추 1/2컵
새우젓 1컵
대파(흰 부분) 200g
다진마늘 1/2컵
다진생강 2큰술

김치 국물
새우젓국 1컵
소금 조금

기타
(절임 소금물)
물 10리터
소금 2~3컵
(굴 손질) 굵은소금
(낙지 손질) 밀가루

1 **배추 절이기**
① 잎사귀가 크고 좋은 배추를 골라 커다랗고 푸른 겉잎을 떼어놓는다.
② 겉잎을 떼어낸 배추의 밑동에 칼집을 넣어 반으로 쪼갠다.
③ 소금물을 만들어 배추를 담가 5~6시간 절인다. 이때 떼어놓은
   푸른 겉잎도 같이 절인다.

2 **김치 양념 준비하기**
① 생강과 마늘은 채를 썰고 자투리는 다진다.
② 대파는 흰 줄기 부분만 채 썬다.
③ 새우젓은 곱게 다진다.
④ 고춧가루에 새우젓 다진 것과 새우젓 국물, 다진마늘과 다진생강을
   미리 버무려서 불린다.

3 **무 썰기**
① 무 1개는 5cm 길이로 잘라 아주 곱게 채 썬다.
② 나머지 무 1개는 큼직하게 썬다.

4 **과일과 밤 손질하기**
① 사과는 깨끗이 씻어 6쪽을 내어 씨를 도려내고 도톰하게 썬다.
② 배는 씻어 껍질을 벗기고 6쪽을 내어 씨를 도려내고 도톰하게 썬다.
③ 밤은 겉껍질과 보늬를 벗기고 납작납작하게 편으로 썬다.
④ 잣은 고깔을 떼고 살짝 씻어 물기를 닦는다.

5 **채소 준비하기**
① 갓은 깨끗이 씻어 물기를 빼고 줄기 부분만 5cm 길이로 자른다.
   줄기가 굵으면 채 썬다.
② 미나리는 깨끗이 씻어 줄기 부분만 5cm 길이로 자른다. 줄기가 굵으면
   채 썬다.
③ 쪽파는 깨끗이 씻어 물기를 빼고 흰 부분만 5cm 길이로 잘라 채 썬다.

6   해물 손질하기
① 굴은 소금물에 넣고 흔들어 씻어 체에 밭쳐 물기를 뺀다.
② 낙지는 밀가루로 주무르듯이 씻어 껍질을 벗긴다. 발끝을 잘라내고
   길이 4cm 정도로 썬다.

7   소 만들기
① 무채에 김치 양념의 일부를 넣고 고루 버무려 붉은 물을 들인다.
② 붉게 물들인 무채에 갓과 미나리, 쪽파 채 썬 것과 실고추를 넣고
   잘 섞어 소를 준비한다.
③ 큼직하게 썬 무는 따로 양념에 잘 버무려놓는다.

8   절인 배추 헹구기
① 배추가 잘 절여지면 잎 사이사이까지 꼼꼼히 헹궈 체에 밭쳐 물기를
   뺀다.
② 배추의 푸른 겉잎도 잘 절여지면 깨끗하게 헹궈 물기를 잘 뺀다.

9   배추 양념해 썰기
① 배춧잎의 끝 쪽을 한 손에 모아 잡고 잎을 한 장씩 펴면서 김치 양념을
   고르게 펴 바른다.
② 양념한 배추의 잎들을 가지런히 정리한 다음 도마에 올린다. 고갱이
   쪽부터 줄기를 5cm 길이로 두 번 썰어 쟁반에 차곡차곡 세운다.
③ 잎사귀 쪽 부분도 썰어 따로 둔다.

10   쌈김치 쌀 준비하기
① 쟁반에 준비한 과일과 밤, 잣, 해물을 가지런히 놓는다.
② 배추의 커다란 푸른 겉잎도 같이 준비해 놓는다.

11   김치 쌈 싸기
① 오목한 그릇에 커다란 푸른 겉잎 두 장을 펴서 깐다.
② 겉잎 위에 자른 잎사귀 쪽 김치를 깔고 위에 고갱이 쪽 김치를 세워
   그릇에 가득 차도록 담는다.
③ 고갱이 사이사이 빈 곳에 배와 사과, 낙지, 굴을 서너 개씩 채운다.
④ 위에 김치소를 올리고 그 위에 밤과 잣을 얹는다.
⑤ 밑에 깐 푸른 겉잎으로 김치 전체를 여며 싼다. 던져도 풀어지지 않을
   정도로 꼭꼭 싼다.

12   **항아리에 담기**

① 항아리 바닥에 크게 썰어 양념한 무를 깐다.

② 쌈김치를 차곡차곡 한 켜 깔고 남은 김치소 채소를 한 켜 놓는다.
두 가지를 번갈아 깔며 항아리의 80%까지만 채운다.

③ 남은 배추 겉잎으로 위를 꼭 덮고 쌈김치가 터지지 않을 정도로
누름돌로 눌러놓는다.

13   **다음 날 간 맞추기**

① 다음 날 물에 소금과 새우젓국을 타서 끓인 뒤 간을 맞추고 식혀
김치 국물을 만든다.

② 누름돌이 다 잠길 정도로 김치 국물을 붓는다.

도움말

· 채소 분량은 가식부의 분량이다. 원재료는 위 분량의 1.5배를 준비한다.
· 김치 국물은 새우젓국과 소금물 대신 양지머리 육수를 간 맞춰 붓기도 한다.
· 새우젓국은 새우젓의 국물이다.

병과

떡과 한과 이야기를 시작합니다.

떡과 한과는 감사입니다

농경민족인 우리는 한 해 농사가 끝나면 추수한 곡물로 술을 빚고 떡을 쪄서 하늘과
조상에 감사를 올립니다. 그 마음이 하늘에 닿도록 떡을 높이 쌓아 고이고, 그 위에
고운 웃기로 장식합니다.

떡과 한과는 나눔입니다

'반기살이'란 말이 있습니다. 잔치나 제사가 끝난 뒤 손님들이 돌아갈 때 반기(飯器)라는
목기에 음식을 싸서 보내는 풍속으로, 나누어 먹는 음식의 중심에는 떡과 한과가
있습니다. 아이의 백일에는 백설기나 오색송편을 만들어 백 집이 나누어 먹고, 책을 떼면
오색송편을 만들어 스승이나 친지들과 나누어 먹습니다. 그런가 하면 2월 초하루에는
큰 송편을 빚어 노비들에게 나이 수만큼 나누어 주었습니다. 떡과 한과는 결코
우리 가족만을 위해 만들지 않습니다.

떡과 한과는 풍류입니다

떡이 절식으로 자리를 잡은 때는 고려시대입니다. 그중에서도 음력 3월 3일 삼짇날에 먹던
진달래화전과 진달래화채, 음력 9월 9일 중양절의 국화주와 국화전은 우리의 풍류를
느낄 수 있습니다. 그 계절의 가장 아름다운 꽃으로 떡을 만들어 시절을 즐겼습니다.

백
편

꿀편, 승검초편과 함께 갖은 편 중 하나로, 혼례와 회갑연 등의 고임상에 쓰였는데 세 가지 편을 같이 고이면 색깔이 곱다. 멥쌀가루에 설탕물을 고루 비벼 대추와 밤, 잣, 석이버섯 등의 고명을 얹어 찐다. 집안에 따라 올리는 고명이 조금씩 다르다.

멥쌀 5컵
소금 1큰술
끓인 설탕물 3/4컵

고명
잣 2큰술
석이버섯 8g

1   **떡가루 준비하기**

① 멥쌀을 씻어 물에 담가 6~8시간 불린 다음 체에 밭쳐 물을 뺀다.

② 불린 멥쌀에 소금을 넣고 가루로 빻아 중간체에 내린다.

③ 멥쌀가루에 끓인 설탕물을 넣고 손으로 고루 비벼 중간체에 내린다. 손으로 살짝 쥐었을 때 뭉쳐질 정도가 적당하다.

2   **고명 만들기**

① 석이버섯은 뜨거운 물에 불려 손바닥으로 문질러 씻어 이끼와 배꼽을 떼고 물기를 닦는다. 돌돌 말아 곱게 채 썰어 마른 팬에 살짝 볶는다.

② 잣은 고깔을 떼고 마른행주로 닦아 길이로 반을 가른다.

3   **떡 안치기**

① 시루에 시룻밑을 놓고 베 보자기를 깐다.

② 떡가루를 올려 1.5~2cm 두께로 고르게 펴서 윗면을 평평하게 만든다.

③ 그 위에 잣을 매화 모양으로 놓은 후 석이버섯채를 예쁘게 뿌린다.

④ 김이 오른 찜기에 올려 센불에서 20분간 찌고 5분 정도 뜸 들인 후 불에서 내린다. 한 김 나가면 적당한 크기로 썬다.

도움말

· 멥쌀 5컵을 물에 불려 빻으면 10~11컵 분량의 가루가 나온다.
· 끓인 설탕물은 물 3/4컵에 설탕 3/4컵을 넣고 끓여 식힌다.
· 베 보자기는 물에 적셨다가 꼭 짜서 쓴다.

승검초편

신감초편, 당초편이라고도 부르는데, 〈시의전서〉에서는 대추와 밤, 석이버섯, 잣을 고명으로 쓰고
승검초 가루로는 색만 냈다. 승검초 가루는 향이 강하므로 소량을 넣는다. 승검초 뿌리를 당귀라고 부른다.

멥쌀 5컵
승검초 가루 1~2큰술
소금 1큰술
꿀 3/4컵
물 조금

고명
대추 5개
감국잎 20장 이상

1 **떡가루 준비하기**

① 멥쌀을 씻어 물에 담가 6~8시간 불린 다음 체에 밭쳐 물을 뺀다.

② 불린 멥쌀에 소금을 넣고 가루로 빻아 중간체에 내린다.

③ 멥쌀가루에 꿀을 넣고 손으로 고루 비벼 중간체에 내린다. 손으로 살짝
쥐었을 때 뭉쳐질 정도로 만든다. 쌀가루가 건조하면 물을 더 넣어
수분을 조절한다.

2 **승검초 가루 섞기**

① 승검초 가루에 미지근한 물을 조금 넣고 골고루 섞어 촉촉하게 불린다.

② 떡가루에 불린 승검초 가루를 넣고 손으로 고루 비벼 중간체에 다시
내린다.

3 **대추와 감국잎 고명 준비하기**

① 대추는 껍질 부분만 얇게 돌려 깎아 밀대로 밀어 곱게 채 썬다.

② 감국잎은 작은 것을 골라 깨끗이 씻어 물기를 닦는다.

4 **떡 안쳐 찌기**

① 시루에 시룻밑을 놓고 베 보자기를 깐다.

② 떡가루를 올려 1.5~2cm 두께로 고르게 펴고 윗면을 평평하게 만든다.

③ 대추채와 감국잎을 모양 있게 올린다.

④ 김이 오른 찜기에 올려 센불에서 20분간 찌고 5분 정도 뜸 들인 후
불에서 내린다. 한 김 나가면 적당한 크기로 썬다.

도움말

· 승검초 가루는 참당귀의 연한 잎을 소금물에 데쳐 찬물에 헹군 후 말려 빻아 만든다. 밀폐해 냉동 보관해야
특유의 색과 맛, 향이 날아가지 않는다.
· 감국잎 대신 쑥잎을 쓸 수 있다.
· 승검초 가루를 쌀가루에 섞어 체에 내린 다음에도 뭉친 것이 있으면 한 번 더 체에 내린다.

꿀편

백편, 승검초편과 함께 갖은 편 중 하나로, 만드는 법은 백편과 유사하지만, 멥쌀가루에 꿀과 황설탕을 넣어 고급스러운 황색 빛깔을 띤다. 집안마다 고명이 조금씩 다른데, 밤과 대추, 잣 외에 석이버섯채도 많이 올린다.

멥쌀 5컵
꿀 1/2컵
황설탕 2/3컵
소금 1큰술
물 1컵

고명
밤 8개
대추 8개
잣 2큰술

1 떡가루 준비하기

① 멥쌀을 씻어 물에 담가 6~8시간 불린 다음 체에 밭쳐 물을 뺀다.

② 불린 멥쌀에 소금을 넣고 가루로 빻아 중간체에 내린다.

③ 물 1컵에 황설탕을 넣고 끓여 식힌 후 꿀을 섞는다.

④ 멥쌀가루에 황설탕과 꿀을 섞은 물을 넣고 손으로 고루 비벼 중간체에 내린다. 손으로 살짝 쥐었을 때 뭉쳐질 정도다.

2 고명 만들기

① 대추는 껍질 부분만 얇게 돌려 깎아 밀대로 밀어 곱게 채 썬다.

② 밤은 겉껍질과 보늬를 벗기고 곱게 채 썬다.

③ 잣은 고깔을 떼고 마른행주로 닦아 칼로 두세 번 저며 비늘잣을 만든다.

3 떡 안치기

① 시루에 시룻밑을 놓고 베 보자기를 깐다.

② 떡가루를 올려 1.5~2cm 두께로 고르게 펴서 윗면을 평평하게 만든다.

③ 그 위에 비늘잣과 대추채, 밤채를 골고루 예쁘게 뿌린다.

④ 김이 오른 찜기에 올려 센불에서 20분간 찌고 5분 정도 뜸 들인 후 불에서 내린다. 한 김 나가면 적당한 크기로 썬다.

도움말

· 말린 진달래꽃을 가루 내어 멥쌀가루에 섞으면 분홍색 편을 만들 수 있다.

석이병

〈산림경제〉〈음식디미방〉〈술만드는법〉〈규합총서〉〈음식법〉〈역주방문〉〈음식법(이씨)〉등 많은 고조리서에
기록된 떡이다. 금강산 일대에서 나는 석이가 향과 맛이 가장 뛰어나, 그곳 석이로 만든 석이병을 특별히
풍악석이병이라 불렀다. 풍악은 가을 금강산의 별칭이다. 허균은 〈도문대작〉에서 금강산 표훈사에서 석이병을
먹고 "맛이 매우 좋아 찹쌀떡이나 감떡보다 낫다"라고 기록했다.

멥쌀 5컵
꿀 3/4컵
소금 1큰술
석이버섯 30g
참기름 2큰술
꿀 1/4컵
뜨거운 물 6큰술

고명
석이버섯 5g
잣 2작은술

1 떡가루 준비하기
① 멥쌀을 씻어 물에 담가 6~8시간 불린 다음 체에 밭쳐 물을 뺀다.
② 불린 멥쌀에 소금을 넣고 가루로 빻아 중간체에 내린다.
③ 멥쌀가루에 꿀을 넣고 손으로 고루 비벼 중간체에 내린다. 손으로 살짝
   쥐었을 때 뭉쳐질 정도가 적당하다.

2 석이버섯 가루 만들기
① 석이버섯은 뜨거운 물에 불려 손바닥으로 문질러 씻어 이끼와 배꼽을
   떼고 물기를 닦고 잘 말린다.
② 말린 석이버섯을 분쇄기로 갈아 고운 가루로 만든다.

3 석이버섯 가루 불리기
① 석이버섯 가루를 놋그릇에 담아 뜨거운 물(80~90℃)을 조금씩 부으면서
   잘 섞어 다시 불린다.
② 불린 석이버섯 가루에 참기름과 꿀 1/4컵을 넣고 고루 섞는다.
③ 떡가루에 불린 석이버섯 가루를 넣고 손으로 고루 비벼 다시 중간체에
   내린다.

4 고명 만들기
① 고명용 석이버섯은 뜨거운 물에 불려 손바닥으로 문질러 씻어 이끼와
   배꼽을 떼고 물기를 닦은 다음 돌돌 말아 곱게 채 썬다. 마른 팬에
   약불로 살짝 볶는다.
② 잣은 고깔을 떼고 마른행주로 닦아 칼로 두세 번 저며 비늘잣을
   만든다.

5 떡 안쳐 찌기
① 시루에 시룻밑을 놓고 베 보자기를 깐다.
② 떡가루를 올려 1.5~2cm 두께로 고르게 펴서 윗면을 평평하게 만든다.
③ 위에 석이버섯채와 비늘잣을 모양 있게 올린다.
④ 김이 오른 찜기에 올려 센불에서 20분간 찌고 5분 정도 뜸 들인 후
   불에서 내린다. 한 김 나가면 적당한 크기로 썬다.

도움말

· 말린 석이버섯 가루를 물에 불릴 때 나무젓가락 두 쌍을 한 손에 쥐고 저으면 잘 섞인다.
· 놋그릇은 열전도율이 높아 뜨거운 물의 온도를 유지하기 때문에 석이버섯 가루가 잘 붙는다.

복숭아편

〈삼국사기〉에 백제 온조왕 3년(기원전 16년)에 복숭아꽃이 피었다는 기록이 있는 것으로 보아 복숭아는 아주 오래전부터 우리 민족이 먹었다는 사실을 알 수 있다. 주로 즙을 내어 찹쌀에 섞어 복숭아단자를, 멥쌀로는 복숭아편을 만들어 먹었다. 복숭아와 살구를 같이 넣어 도행병(桃杏餠)도 만들었다.

멥쌀 5컵
복숭아 3개(즙 2컵)
소금 1큰술

고물
밤 100g
대추 50g

1 **떡가루 준비하기**
① 멥쌀을 씻어 물에 담가 6~8시간 불린 다음 체에 밭쳐 물을 뺀다.
② 불린 멥쌀에 소금을 넣고 가루로 빻아 중간체에 내린다.

2 **고물 만들기**
① 밤은 껍질과 보늬를 벗기고 곱게 채 썬다.
② 대추는 껍질 부분만 얇게 돌려 깎아 밀대로 민 다음 곱게 채 썬다.
③ 밤채와 대추채를 고루 잘 섞어 고물을 만든다.

3 **복숭아즙 만들기**
① 복숭아는 깨끗이 씻어 껍질을 벗기고 씨를 발라낸 다음 6~8조각으로 썬다.
② 복숭아가 푹 무르도록 중탕해서 중간체에 내려 즙을 받는다. 주걱으로 과육을 부드럽게 문질러 내린다.
③ 체 밑바닥에 붙어 있는 과육은 따로 모은다.
④ 두꺼운 냄비에 복숭아즙만 붓고 약불로 가열한다. 절반으로 줄어들 때까지 졸인 후 식힌다.
⑤ 졸인 복숭아즙에 따로 모은 복숭아 과육을 고루 섞는다.

4 **떡 안치기**
① 떡가루에 복숭아즙과 과육 섞은 것을 넣고 손으로 비벼 고루 섞은 다음 중간체에 내린다.
② 시루에 시룻밑을 놓고 베 보자기를 깐다.
③ 떡가루를 올려 고루 펴서 윗면을 평평하게 만든다.
④ 위에 밤채와 대추채 고물을 고르게 뿌린다.

5 **떡 찌기**
김이 오른 찜기에 올려 센불에서 20분간 찌고 5분 정도 뜸 들인 후 불에서 내린다. 한 김 나가면 적당한 크기로 썬다.

도움말

· 복숭아는 과육의 색이 붉은 것을 골라 껍질까지 넣어 같이 중탕해 넣으면 떡의 색이 더 곱고 선명해진다. 요즘 신품종이 많으므로 과육의 색이 고운 것을 골라 쓴다.
· 밤 100g은 껍질을 벗기지 않은 밤 5개 정도 분량이다.
· 복숭아즙의 단맛이 부족하면 설탕이나 꿀을 넣는다.
· 복숭아즙을 섞은 후 쌀가루가 너무 질면 넓게 펼쳐 수분을 날린 다음 다시 체에 내린다.

풋호박떡

전주 지방 향토 떡으로, 늙은 호박 중 최상품인 청둥호박으로 만든다. 청둥호박은 늙은 호박 또는 맷돌 호박이라고도 부르는데 늙어서 겉이 단단하고 속의 씨가 잘 여문 호박을 가리킨다. 특히 좋은 청둥호박은 표면의 색이 진하고 먼지 묻은 것처럼 뿌옇게 보인다. 여기서 '풋'은 덜 익었다는 의미가 아니라 말리지 않았다는 의미다.

멥쌀 5컵
꿀 1컵
소금 1큰술

부재료
늙은 호박 1kg
설탕 3큰술
소금 2작은술

고물
붉은팥 3컵
소금 1/2큰술

1 떡가루 준비하기

① 멥쌀을 씻어 물에 담가 6~8시간 불린 다음 체에 밭쳐 물을 뺀다.

② 불린 멥쌀에 소금을 넣고 가루로 빻아 중간체에 내린다.

③ 멥쌀가루에 꿀을 넣고 손으로 고루 비벼 중간체에 다시 내린다. 손으로 살짝 쥐어 뭉쳐질 정도로 촉촉한 것이 알맞다.

2 막팥고물 만들기

① 붉은팥을 씻어 일어 돌을 골라내고 건져 물을 뺀다.

② 찬물에 팥을 넣고 센불로 가열해 우르르 끓어오르면 물을 따라 버린다.

③ 팥에 다시 찬물을 부어 삶다가 팥이 익으면 물을 따라내고 뜸을 들인다. 보슬보슬하게 삶는다.

④ 삶은 팥에 소금을 넣고 대강 찧어 막팥고물을 만든다.

3 늙은 호박 손질하기

① 늙은 호박은 깨끗이 씻어 물기를 닦고 꼭지 부분을 지름 10cm 정도 둥글게 도려내고 속을 파낸다.

② 호박의 껍질을 벗긴 다음, 도려낸 윗부분부터 칼을 15도 정도로 비스듬히 잡고 돌려가면서 연속해 잘게 칼집을 넣는다.

③ 반대 방향으로 돌려 다시 비스듬히 썬다. 이렇게 하면 호박 조각이 안쪽으로 떨어져 모인다.

④ 큰 그릇에 호박 조각을 담고 소금과 설탕을 넣어 버무린다. 호박이 달면 설탕은 넣지 않는다.

4 떡 안친 다음 찌기

① 떡가루에 호박 조각을 고루 섞는다.

② 시루에 시룻밑을 놓고 베 보자기를 깐 후 막팥고물의 절반 분량을 고루 뿌린다.

③ 그 위에 호박 섞은 떡가루를 올려 3~4cm 두께로 고루 펴고 윗면을 평평하게 만들고 나머지 막팥고물을 고루 덮는다.

④ 김이 오른 찜기에 올려 센불에서 20분간 찌고 5분 정도 뜸 들인 후 불에서 내린다. 식으면 적당한 크기로 썬다.

도움말

· 호박 분량은 껍질과 씨를 제거한 상태의 분량이다.
· 호박을 소금과 설탕에 미리 버무려놓으면 물이 생기므로 쌀가루에 섞기 직전에 버무린다.

무시루떡

〈규합총서〉에 라복병(蘿蔔餠)으로 기록된 떡으로, 전라도에서는 나복병이라 부른다. 나복은 무를 부르는 옛말이다. 무가 달고 단단한 가을과 겨울 사이에 만들어 먹는데, 특히 시월상달에 조상과 마을의 수호신에게 제를 지낼 때 제상에 올렸다.

찹쌀 5⅓컵
멥쌀 2⅓컵
꿀 1컵
소금 1⅓큰술

부재료
무 1kg
소금 1/2작은술

고물
붉은팥 4컵
소금 3/4큰술

1 **떡가루 만들기**

① 찹쌀을 씻어 물에 담가 4~6시간 불린 다음 체에 밭쳐 물을 뺀다.

② 불린 찹쌀에 소금을 넣고 가루로 빻아 중간체에 내린다.

③ 찹쌀가루에 꿀을 전체 분량의 2/3를 넣고 손으로 고루 비벼 중간체에 내린다.

④ 멥쌀도 같은 방법으로 불려 가루로 만들어 남은 꿀을 섞어서 중간체에 내린다.

2 **막팥고물 만들기**

① 붉은팥을 씻어 일어 돌을 골라내고 건져 물을 뺀다.

② 찬물에 팥을 넣고 센불로 가열해 우르르 끓어오르면 물을 따라 버린다.

③ 팥에 다시 찬물을 부어 삶다가 팥이 익으면 물을 따라내고 뜸을 들인다. 보슬보슬하게 삶는다.

④ 삶은 팥에 소금을 넣고 대충 찧어 막팥고물을 만든다.

3 **무 썰어 밑간하기**

① 무는 깨끗이 씻어 4~5cm 길이로 잘라 너비 1cm, 두께 0.1cm로 채 썬다.

② 안치기 바로 직전에 무채에 소금을 넣고 살짝 버무린다.

4 **떡 안쳐 찌기**

① 멥쌀가루에 무채를 고루 섞는다.

② 시루에 시룻밑을 놓고 베 보자기를 깔고 절반 분량의 팥고물을 넉넉히 뿌린다.

③ 찹쌀가루의 절반 분량을 고르게 깔고 그 위에 무를 섞은 멥쌀가루를 고루 편다.

④ 다시 나머지 찹쌀가루를 올려 고르게 편 다음 남은 팥고물을 뿌린다.

⑤ 김이 오른 찜기에 올려 센불에서 20분간 찌고 5분 정도 뜸 들인 후 불에서 내린다. 식으면 적당한 크기로 썬다.

도움말

· 쌀가루를 체에 내린 다음 반드시 가루를 고루 섞는다. 그래야 가루의 수분이 균일해진다.

· 무채는 멥쌀가루와 섞기 직전에 소금에 버무려야 물이 생기지 않는다.

맞
편

찹쌀가루를 사이에 두고 멥쌀가루가 서로 마주 보게 떡을 만들어 맞편이라는 이름이 붙었는데, 주로
제사상에 올리는 고임 떡의 높이를 조절하는 용도로 만들었다. 보통 제사를 지낼 때 떡은 편틀이라는 굽이
있는 큰 나무 그릇에 고이는데, 이때 백편, 시루떡, 맞편 순으로 떡을 올리고 맨 위에 쑥편경단, 송기편, 부편,
화전, 주악 같은 웃기를 놓는다.

멥쌀가루 3컵
찹쌀가루 1/2~1컵
꿀 3/4컵
소금 1작은술

부재료
밤 300g
대추 100g
호두 80g
잣 1/2컵

1   **떡가루 만들기**

① 멥쌀가루에 소금을 넣고 중간체에 내린다.

② 멥쌀가루에 꿀을 넣고 손으로 고루 비벼 중간체에 내린다. 손으로 살짝
   쥐어 뭉쳐질 정도로 촉촉한 것이 알맞다. 수분이 부족하면 추가로
   물주기를 한다.

③ 찹쌀가루에 소금을 넣고 중간체에 내린다.

2   **견과류 준비하기**

① 밤은 겉껍질과 보늬를 벗기고 1cm 크기의 정사각형으로 썬다.

② 대추는 씻어 물기를 닦고 돌려 깎아 씨만 도려낸 후 밤처럼
   사방 1cm 크기로 썬다.

③ 호두는 뜨거운 물에 담가 속껍질을 벗기고 밤처럼 1cm 크기로 썬다.

④ 잣은 고깔을 떼고 마른행주로 닦는다.

3   **찹쌀가루에 견과류 버무리기**

찹쌀가루에 준비한 밤과 대추, 호두, 잣을 넣고 고루 섞는다.

4   **떡 안쳐 찌기**

① 시루에 시룻밑을 놓고 베 보자기를 깐다.

② 멥쌀가루를 반으로 나눠 절반을 먼저 올린 다음 고루 펴서 윗면을
   평평하게 한다.

③ 그 위에 찹쌀가루와 견과류 섞은 것을 올려 고르게 편다.

④ 나머지 멥쌀가루를 올려 고루 편 다음 윗면을 평평하게 만든다.

⑤ 김이 오른 찜기에 올려 센불에서 20분간 찌고 5분 정도 뜸 들인 후
   불에서 내린다. 식으면 적당한 크기로 썬다.

도움말

· 밤 300g은 껍질을 벗기지 않은 밤 15개 정도 분량이다. 호두 80g은 1컵 정도 분량이다.

· 호두는 끓는 물에 데쳐 떫은맛을 빼고 껍질째 쓸 수 있다.

· 견과류에 묻히는 찹쌀가루가 너무 건조하면 떡이 설익으므로 물주기를 하는 것이 좋다.

· 쌀가루를 안치기 전에 베 보자기 위에 거피팥가루를 조금 뿌리면 떡이 달라붙지 않는다.

· 견과류 외에 유자청 건지를 같이 넣어도 좋다. 유자청 건지 1/2컵을 밤과 같은 1cm 크기로 썰어 섞는다.

잡과병

잡과병은 잡과(雜果), 즉 여러 과일을 섞어 만드는 떡으로, 처음 등장한 때는 과편 또는 잡과고로
기록되었다가 후대로 오면서 점차 잡과병으로 바뀌었다. 시루에 찌지 않고 경단으로 만들어 삶아서 고물을
묻히거나 찐 찹쌀을 쳐서 만드는 잡과편과는 다른 떡이다. 〈규합총서〉〈음식보〉〈역주방문〉
〈우리나라 음식 만드는 법〉 등 여러 고조리서에서 두 가지 이름을 혼용하고 있다.

멥쌀 5컵
소금 1큰술
꿀 3/4컵
대추 가루 1/2컵
유자청 건지 1/3컵

부재료
밤 200g
대추 100g
곶감 4~5개
호두 50g
잣 1/4컵

1　**떡가루 준비하기**

① 멥쌀을 씻어 6~8시간 물에 담가 불린 다음 체에 밭쳐 물을 뺀다.

② 불린 멥쌀에 소금을 넣고 가루로 빻아 중간체에 내린다.

③ 꿀을 넣고 손으로 고루 비벼 중간체에 내린다. 손으로 살짝 쥐어 뭉쳐질
　정도로 촉촉한 것이 알맞다.

2　**밤과 대추, 호두 등 손질하기**

① 밤은 겉껍질과 보늬를 벗기고 4~6쪽으로 썬다.

② 대추는 돌려 깎아 씨만 발라내고 3~4등분한다.

③ 유자청 건지는 곱게 다진다.

④ 곶감은 꼭지를 떼고 씨를 빼서 대추와 같은 크기로 썬다.

⑤ 호두는 따끈한 물에 담가 속껍질을 벗기고 6등분한다.

⑥ 잣은 고깔을 떼고 마른행주로 닦는다.

3　**떡가루에 대추 가루와 유자청, 견과류 섞기**

① 떡가루에 먼저 대추 가루를 넣고 손으로 비벼서 골고루 섞은 후
　다진 유자청 건지를 넣고 다시 골고루 섞는다.

② 위의 떡가루에 잘라놓은 밤과 대추, 곶감, 호두, 잣을 넣고 골고루
　섞는다.

4　**떡 안쳐 찌기**

① 시루에 시룻밑을 놓은 뒤 베 보자기를 깔고 준비한 떡가루를 올려
　고르게 펴서 윗면을 평평하게 한다. .

② 김이 오른 찜기에 올려 센불에서 20분간 찌고 5분 정도 뜸 들인 후
　불에서 내린다. 한 김 나가면 적당한 크기로 썬다.

도움말

· 대추 가루는 굵직한 대추를 골라 씻어 물기를 닦아내고 가늘게 채 썰어 바싹 말린 다음 분쇄기로 갈아 만든다. 대추 가루 1/2컵을 만들려면 대추가 15개 이상 필요하다.

· 대추 가루가 너무 건조하면 쌀가루와 섞기 전에 물을 조금 넣고 고루 비벼 살짝 촉촉하게 해서 쓴다.

· 유자청 건지 대신 유자 껍질 가루를 쓸 경우, 1큰술 정도 넣는다.

찰옥수수떡

강원도 지역 향토 떡으로, 따뜻할 때 먹으면 특유의 맛이 난다. 돌돌 말지 말고 시루떡처럼 쪄서 먹으면 찰옥수수시루떡이 된다. 강원도 찰옥수수는 보통 옥수수보다 알이 크고 차지다.

찰옥수수 5컵
꿀 1/2컵
잣(또는 호두) 1/2컵
소금 1큰술

고물
볶은팥가루 1¼컵
설탕물 1컵(물 2 : 설탕 1)
계핏가루 1/2작은술

1 떡가루 준비하기
① 찰옥수수는 씻어 조각 내서 미지근한 물에 하루 이상 담가 푹 불린 다음 체에 밭쳐 물기를 뺀다.
② 불린 찰옥수수에 소금을 넣고 가루로 빻아 중간체에 내린다.
③ 찰옥수수 가루에 꿀을 넣고 손으로 비벼 고루 섞는다.

2 볶은팥가루 고물 준비하기
① 볶은팥가루에 설탕물을 섞어 촉촉하게 불린다.
② 촉촉한 팥가루에 계핏가루를 섞은 다음 굵은체에 내린다.

3 잣 손질하기
잣은 고깔을 떼고 마른행주로 닦는다.

4 떡 쪄서 꽈리 치기
① 시루에 시룻밑을 놓고 베 보자기를 깔고 위에 찰옥수수 가루를 가볍게 쥐어 안친다.
② 김이 오르는 찜기에 올려 20분 이상 푹 찐다.
③ 큰 그릇에 다 쪄진 찰옥수수 가루를 쏟아 방망이로 꽈리가 일게 친다.

5 찰옥수수떡 모양 만들기
① 넓은 쟁반에 볶은팥가루 고물을 조금 뿌리고 꽈리 친 떡을 넓게 편다.
② 넓게 편 떡 위에 잣을 올리고 다시 볶은팥가루 고물을 뿌려 돌돌 만다.
③ 찰옥수수떡이 식어 살짝 굳으면 먹기 좋은 크기로 동글동글하게 썬다.

도움말

· 찰옥수수는 맷돌이나 맷돌 믹서에 두세 조각으로 타서 물에 담근다. 방앗간에서도 타준다.
· 잣 대신 호두를 쓸 때는 따뜻한 물에 담가 껍질을 벗기고 6~8조각으로 썰어서 넣는다.
· 볶은팥가루 고물은 다음과 같이 준비한다. 붉은팥을 깨끗이 씻어 일어 찬물을 붓고 삶다가 우르르 끓으면 물을 버린다. 팥에 다시 찬물을 붓고 완전히 삶아지면 으깨어 물을 부어가며 굵은체에 한 번 내린 다음, 다시 고운체에 밭쳐 껍질을 걸러낸다. 내린 팥앙금을 면 주머니에 넣어 꼭 짠 다음 바닥이 두꺼운 냄비에 식용유를 살짝 바르고 약불로 볶으면서 집진간장과 설탕을 섞는다. 다 볶은 후 한 번 더 중간체에 내린다. 팥 5컵에 설탕 1컵, 집진간장 2큰술 분량이다.
· 떡의 양이 많을 때는 여러 개로 나누어 만든다.

밤대추설기

멥쌀가루에 대추고와 밤 가루를 넣어 맛을 풍부하게 살린 설기의 한 종류다. 고려시대에 밤가루설기는 이웃 나라에서 '고려밤떡'이라고 불릴 정도로 유명했다고 한다. 설기는 체로 여러 번 쳐서 만들면 쌀가루 사이로 공기가 들어가 떡이 폭신해진다.

멥쌀 5컵
꿀 3/4컵
대추고 1/4컵
소금 1큰술

부재료
밤 800g
대추 200g

1 **떡가루 준비하기**

① 멥쌀을 씻어 물에 담가 6~8시간 불린 다음 체에 밭쳐 물을 뺀다.

② 불린 멥쌀에 소금을 넣고 가루로 빻아 중간체에 내린다.

2 **밤 가루와 밤편 만들기**

① 밤은 씻어 살짝 삶은 후 겉껍질과 보늬를 벗긴다.

② 삶은 밤의 절반은 얇게 편으로 썰어 꾸덕꾸덕하게 말려 소금을 넣고 곱게 가루로 빻아 중간체에 내린다.

3 **떡가루에 꿀, 대추고와 밤 가루 섞기**

① 멥쌀가루에 꿀을 넣어 손으로 고루 비벼 중간체에 내린다.

② 밤 가루와 대추고를 넣고 손으로 고루 비빈 다음 다시 중간체에 내린다.

③ 나머지 삶은 밤은 6~8개의 편으로 썬다.

4 **대추 준비하기**

대추는 깨끗이 씻어 물기를 닦고 돌려 깎아 씨를 빼고 4~6조각으로 썬다.

5 **떡 찌기**

① 떡가루에 밤편과 대추 조각을 넣고 고루 섞는다.

② 시루에 시룻밑을 놓은 뒤 베 보자기를 깔고 떡가루를 올려 고루 펴서 윗면을 평평하게 한다.

③ 김이 오른 찜기에 올려 센불에서 20분간 찌고 5분 정도 뜸 들인 후 불에서 내린다. 한 김 나가면 적당한 크기로 썬다.

도움말

· 밤 가루는 쓰기 전에 대추고에 섞어두었다가 쌀가루에 섞어야 떡이 갈라지지 않는다.
· 찜기 뚜껑 위로 접어 올린 베 보자기가 마르면 떡이 다 쪄진 것이다.
· 떡을 뒤집어 떼어낼 때 베 보자기 뒷면에 물을 조금 뿌리면 잘 떼어진다.

곶감설기

곶감설기는 곶감을 물에 불려 체에 내려 만든 즙을 멥쌀가루에 섞어 찐 떡으로, 곶감 가루를 섞어 만든
곶감떡과는 다른 떡이다. 곶감의 깊은 단맛에 밤, 잣이 어우러져 영양이 풍부하고 맛도 좋다.

멥쌀 5컵
소금 1큰술
꿀 1/2컵
곶감 6개

부재료
밤 200g
잣가루 3/4컵

1 **떡가루 준비하기**

① 멥쌀을 씻어 4~6시간 물에 담가 불린 다음 체에 밭쳐 물을 뺀다.

② 불린 멥쌀에 소금을 넣고 가루로 빻아 중간체에 내린다.

③ 멥쌀가루에 꿀을 넣고 손으로 고루 비벼 중간체에 내린다. 나중에 곶감
내린 즙과 섞어야 하므로 이때 쌀가루는 좀 건조한 듯해야 한다.

2 **곶감 즙 내리기**

① 곶감은 꼭지를 따고 씨를 빼낸 뒤 완전히 잠길 정도의 물에 담가 푹
불린다.

② 체에 내려 즙을 만든다.

3 **밤 썰기**

밤은 겉껍질과 보늬를 벗기고 0.1cm 두께의 얇게 편으로 썬다.

4 **떡가루에 곶감과 잣가루, 밤 섞기**

① 떡가루에 곶감즙을 넣고 손으로 고루 비벼 중간체에 다시 내린다.

② 위의 떡가루에 잣가루를 넣고 전체적으로 한 번 섞은 후 밤 썬 것을
넣고 다시 섞는다.

5 **떡 찌기**

① 시루에 시룻밑을 놓고 베 보자기를 깐다.

② 위에 곶감과 잣가루, 밤을 섞은 떡가루를 올려 고르게 펴서 윗면을
평평하게 한다.

③ 김이 오른 찜기에 올려 센불에서 25분간 찌고 5분 정도 뜸 들인 후
불에서 내린다. 한 김 나가면 적당한 크기로 썬다.

도움말

· 딱딱하게 굳은 곶감을 써도 된다. 물에 불렸다가 분쇄기에 갈아 체에 내리면 쓰기 편하다.
· 곶감즙이 달면 꿀의 양을 줄여도 된다.
· 밤 200g은 껍질을 벗기지 않은 밤 10개 정도 분량이다.
· 잣가루를 일부 남겨서 베 보자기 위에 뿌리고 떡가루를 올려서 찌면 설기가 붙지 않는다. 잣가루 대신
녹두고물을 뿌려도 좋다.
· 떡가루에 섞는 잣가루는 잣을 다져 굵은체에 내려서 쓴다.

잡곡두텁떡

찹쌀로 만든 두텁떡이 궁중과 서울과 경기 지방의 양반가에서 먹던 떡이었다면, 잡곡두텁떡은 일반 서민의 떡으로 구하기 쉬운 잡곡으로 만들었다. 여러 잡곡을 섞어 만들어 특유의 구수한 맛이 일품이다.

찹쌀 5컵
찰수수 5컵
납작보리쌀 1컵
설탕물 2컵(물 2 : 설탕 1)
소금 2큰술

소
고구마 400g
잣 1/2컵
설탕 1/2컵
계핏가루 1큰술
소금 1작은술

고물
팥 10컵
꿀 1/4컵
설탕 1/2컵
계핏가루 1큰술
소금 2큰술

1 떡가루 준비하기

① 찹쌀은 씻어 물에 담가 4~6시간 불린 다음 체에 밭쳐 물을 뺀다. 불린 찹쌀에 소금을 넣고 가루로 빻아 중간체에 내린다.

② 찰수수는 미지근한 물로 씻어 붉은색을 우려내고 찬물에 담가 불린 다음 체에 밭쳐 물을 뺀다. 불린 찰수수에 소금을 넣고 가루로 빻아 중간체에 내린다.

③ 납작보리쌀은 깨끗이 씻어 소금을 넣고 가루로 빻아 중간체에 내린다. 다른 곡식과 섞기 전에 물을 조금 넣고 중간체에 내린다.

④ 각각의 가루에 설탕물로 물주기를 해서 수분을 맞추고 중간체에 다시 내린다. 세 가지 가루를 골고루 섞는다.

2 고구마소 만들기

① 고구마는 껍질을 벗긴 다음 푹 쪄서 굵은체에 내린다.

② 체에 내린 고구마에 소금과 설탕, 계핏가루를 넣고 고루 섞는다.

③ 은행알 크기만큼 떼어 동그랗게 빚는다.

3 팥고물 만들기

① 팥은 깨끗이 씻어 일어 물을 넉넉히 붓고 우르르 한 번 끓으면 물을 버린다. 팥에 다시 찬물을 붓고 푹 삶아 다 삶아지면 물을 따라 버리고 뜸을 들인다.

② 팥이 따뜻할 때 소금을 넣고 방망이로 찧어 중간체에 내린다.

③ 체에 내린 팥에 꿀과 설탕, 계핏가루를 섞은 다음 두꺼운 냄비에서 뭉근한 불로 보송보송하게 볶는다.

4 두텁떡 올려 찌기

① 시루에 시룻밑을 놓고 베 보자기를 깐 다음 팥고물을 뿌린다.

② 그 위에 떡가루를 한 수저씩 떠서 서로 붙지 않을 정도로 간격을 유지하면서 놓는다.

③ 떠 놓은 가루 중앙에 고구마소와 잣 두세 개를 놓고 다시 떡가루를 한 수저씩 떠서 덮는다.

④ 그 위를 떡가루가 보이지 않을 정도로 팥고물을 고루 뿌린다.

⑤ 사이사이 옴폭한 곳에 다시 떡가루를 떠놓는다. 고구마소, 잣, 곡물 가루, 팥고물, 잣을 같은 방법으로 순서대로 올린다.

⑥ 김이 오른 찜기에 올려 20분 이상 푹 찐 후 5분 정도 뜸을 들인다.

⑦ 불에서 내려 식으면 수저로 떡을 한 개씩 떠 꺼낸다.

도움말

· 찰수수의 붉은색은 미지근한 물에서 빠지기 때문에 씻을 때는 미지근한 물을 사용한다. 다만 미지근한
  물에서는 찰수수의 찰기가 빠지므로 불릴 때는 찬물에 담근다.

감단자

전라도 향토 떡으로, 윤선도 집안에서는 2박 3일 동안 가마솥에서 쪄서 까매진 감을 체에 걸러 즙을 내어
찹쌀가루에 섞은 후 베 보자기로 싸서 솥뚜껑에 매달아 쪄서 감 가루를 만들어 항아리에 담아두었다가
필요할 때마다 꺼내 감단자를 만들었다고 한다. 보통은 색색의 고물을 묻히는데 이 책에서는 붉은팥고물만
묻혔다.

찹쌀가루 5컵
소금 1/2큰술
땡감 30개

고물
볶은팥가루 3컵

1 **감즙 만들기**
① 땡감을 씻어 물기를 닦아낸 다음 꼭지를 따고 십자로 칼집을 낸다.
② 두꺼운 냄비에 물 1/2컵을 붓고 손질한 감을 넣어 약불에서 흐물거릴
때까지 끓인다.
③ 끓인 감을 잠깐 식혀 굵은체에 거른다. 껍질과 씨는 버린다.
④ 거른 감즙을 다시 약불에 끓여 졸인다.

2 **찹쌀가루 반죽하기**
① 찹쌀가루에 소금을 넣고 중간체에 내린다. 감즙을 넣고 잘 섞어 약불로
끓인다. 눌어붙지 않게 주걱으로 바닥을 긁듯이 젓는다.
② 반죽이 말랑해지면 불에서 내려 식힌다.

3 **단자 만들어 고물 묻히기**
① 찹쌀 반죽이 쫀득해지면 한 수저씩 떠서 모양을 만든다.
② 볶은팥가루를 묻힌다.

도움말

· 땡감은 덜 익어 떫은맛이 나는 감이다. 그중에서도 아주 작은 것을 골라 쓴다.
· 찹쌀 반죽을 끓이면서 잣이나 호두를 넣어도 좋다. 이때 분량은 90g 정도인데, 잣은 반으로 쪼개어 쓰고
호두는 속껍질을 벗기고 팥알 크기로 썰어 넣는다.
· 볶은팥가루 고물은 다음과 같이 준비한다. 붉은팥을 깨끗이 씻어 일어 찬물을 붓고 삶다가 우르르 끓으면
물을 버린다. 팥에 다시 찬물을 붓고 완전히 삶아지면 으깨어 물을 부어가며 굵은체에 한 번 내린 다음, 다시
고운체에 밭쳐 껍질을 걸러낸다. 내린 팥앙금을 면 주머니에 넣어 꼭 짠 다음 바닥이 두꺼운 냄비에 식용유를
살짝 바르고 약불로 볶으면서 집진간장과 설탕을 섞는다. 다 볶은 후 한 번 더 중간체에 내린다. 팥 5컵에 설탕
1컵, 집진간장 2큰술 분량이다.

유자단자

찹쌀가루에 유자청과 건지를 넣고 잣가루 고물을 묻혀 만든다. 〈규합총서〉에서 나온 유자단자는 유자정과를
만들 때 껍질만 말려 가루로 만들고 찹쌀가루와 곶감채, 승검초 가루를 섞어 푹 쪄 황률소를 넣고
거피팥고물을 묻혀 만든다.

찹쌀가루 3컵
유자청 건지 1/2컵
유자청 1~2큰술
소금 1/2작은술

고물
잣가루 2/3컵

기타
(고물 묻힐 때) 꿀 1/4컵

1 **유자청 손질하기**
① 유자청의 건지만 건져 아주 곱게 다진다.
② 별도로 유자청을 1~2큰술 준비한다.

2 **찹쌀가루 반죽을 쪄서 꽈리 치기**
① 찹쌀가루에 소금을 넣고 중간체에 내린다. 물을 조금만 넣어
덩얼덩얼하게 반죽한다.
② 김이 오르는 찜통에 베 보자기를 깔고 찹쌀 반죽을 올려 20분 이상
푹 찐다.
③ 먼저 큰 그릇에 꿀을 바른 다음 찐 떡을 쏟아 방망이로 꽈리가 일도록
친다.
④ 떡을 치는 도중에 유자청 건지와 유자청을 넣어 고루 섞는다.

3 **단자 만들기**
① 미리 도마에 꿀을 발라놓는다.
② 꽈리 친 반죽을 1cm 두께로 편다.
③ 고루 편 떡을 너비 2.5cm, 길이 3cm 정도로 썰어 꿀을 발라 잣가루를
묻힌다.

도움말

· 찹쌀가루를 반죽할 때는 물은 아주 소량만 넣는다.

밤
단
자

찹쌀 반죽에 밤과 유자를 섞은 소를 넣고 빚어 밤고물을 묻힌 떡으로, 옛날에는 율단자라 불렸다.
조후종의 저서 〈세시풍속과 우리 음식〉에 음력 8월 시절식으로 나온다.

찹쌀가루 3컵
소금 1/2작은술

고물과 소
밤 500g
소금 1/2작은술
꿀 1/3컵
유자청 건지 1큰술
계핏가루 1/2작은술

기타
(고물 묻힐 때) 꿀 1/4컵

1 **밤고물과 밤소 만들기**
① 소와 고물로 쓸 밤을 모두 푹 삶아 반으로 잘라 속을 찻숟가락으로 긁어낸다.
② 밤에 소금을 넣고 절구에 찧어 중간체에 내린다.
③ 그중 2/3 분량에 꿀 1/3컵을 섞어 다시 굵은체에 내려 밤고물을 만든다.
④ 남은 밤 1/3 분량에는 유자청 건지를 곱게 다져 꿀과 계핏가루, 소금을 넣고 꼭꼭 뭉쳐 작은 은행알 크기로 빚어 밤소를 만든다.

2 **찹쌀가루 반죽해서 찌기**
① 찹쌀가루에 소금을 넣고 중간체에 내린다. 물을 조금 넣고 덩얼덩얼하게 반죽해 작은 반대기를 빚는다.
② 김이 오른 찜기에 베 보자기를 깔고 찹쌀 반대기를 올려 20분 이상 푹 찐다.
③ 떡이 붙지 않도록 큰 그릇과 방망이에 꿀을 발라놓는다.
④ 그릇에 떡을 쏟아 방망이로 꽈리가 일도록 친다.

3 **단자 만들어 고물 묻히기**
① 찰떡 반죽을 밤톨만큼 떼어 안에 밤소를 넣고 둥글게 뭉친다.
② 떡에 꿀을 바르고 밤고물을 묻힌다.

도움말

· 밤고물이 질면 마른 팬에서 보슬보슬할 정도로 볶는다.
· 밤고물은 나무젓가락으로 묻히면 편하다.

색단자

곱게 다진 대추와 유자청 건지로 소를 넣고 단자를 만들어 석이버섯채와 밤채, 대추채를 섞은 고물을 묻힌 떡으로, 화려하고 고급스럽다. 채를 곱게 썰수록 떡이 더 아름답다. 고물을 묻힌 색단자를 그릇에 담을 때 간격이 벌어지게 드문드문 담으면 떡이 퍼지므로 서로 붙여 담는다.

찹쌀 3컵
소금 1/2큰술

고물
밤 180g
대추 80g
석이버섯 10g
잣가루 1/2컵

소
대추 150g
유자청 건지 3큰술
계핏가루 2/3작은술

기타
(고물 묻힐 때) 꿀 1/2컵

1   떡가루 준비하기

① 찹쌀은 씻어 물에 담가 4~6시간 불린 다음 체에 밭쳐 물을 뺀다.

② 불린 찹쌀에 소금을 넣고 가루로 빻아 중간체에 내린다.

2   밤과 대추, 석이버섯으로 고물 만들기

① 밤은 겉껍질과 보늬를 벗겨 곱게 채 썰어 김이 올라오는 찜기에 올려 살짝 쪄서 넓은 그릇에 펴 식힌다.

② 대추는 씻어 물기를 닦고 껍질만 얇게 돌려 깎아 밀대로 밀어 곱게 채 썬다. 김이 올라오는 찜기에 올려 살짝 쪄서 넓은 그릇에 펼쳐 식힌다.

③ 석이버섯은 뜨거운 물에 불린 다음 깨끗이 씻어 배꼽과 이끼를 뗀다. 곱게 채 썰어 밤, 대추와 같은 방법으로 살짝 쪄서 넓은 그릇에 펼쳐 식힌다.

④ 세 가지 채를 끝이 뾰족한 나무젓가락으로 고루 섞어 쟁반에 펴놓는다.

3   찹쌀가루 찌기

① 찹쌀가루에 물을 조금 넣고 되직하게 반죽해 반대기를 빚는다.

② 김 오르는 찜기에 베 보자기를 깔고 반대기를 올려 20분 이상 푹 찐다.

③ 떡이 붙지 않게 미리 큰 그릇과 방망이에 꿀을 발라놓는다.

④ 큰 그릇에 쏟아 방망이로 꽈리가 일도록 친다.

4   대추 소 만들기

① 대추는 돌려 깎아 씨를 발라내고 곱게 다진다.

② 유자청 건지도 곱게 다진다. 다진 대추와 유자청 건지에 계핏가루를 넣고 고루 섞는다.

③ 은행알 크기로 떼어 꼭꼭 뭉쳐 대추소를 만든다.

5   단자 만들어 고물 묻히기

① 손에 꿀을 바르고 떡을 밤톨만큼 떼어 안에 대추소를 넣고 오므려
    동그랗게 빚는다.

② 떡에 꿀을 바르고 고물에 굴린다.

③ 고물 묻힌 단자를 나무젓가락으로 집어 잣가루에 한 번 더 굴린다.

④ 색단자가 퍼지지 않도록 바싹 붙여 담는다.

도움말

· 밤채는 오래 찌면 쉽게 뭉그러지므로 김이 오른 찜통에 올려 아주 잠깐 찐다. 아주 곱게 채를 쳤을 때는 익히지
  않고 써도 된다.
· 대추가 지나치게 말랐을 때는 사용 전에 살짝 찐다. 옛날에는 면 보자기에 싸서 솥뚜껑에 매달아 쪘다.
· 대추소는 다지지 않고 손절구에 넣고 곱게 갈아도 된다.

석
이
단
자

석이단자는 고조리서 〈음식법(윤씨)〉에 웃기떡으로 나온다. 찹쌀에 석이버섯 가루를 섞어 반죽해 쪄 잣가루 고물을 묻혀 만든다. 석이버섯은 채취한 다음 바로 손질해 가루로 만들어야 색이 진하고, 이끼와 배꼽이 남아 있으면 식감이 돌 씹는 것 같으므로 뜨거운 물에 불려 깨끗하게 손질해야 한다.

찹쌀가루 2컵
소금 1/3작은술
석이버섯 10g
참기름 1/2작은술
꿀 1작은술
뜨거운 물 1/2큰술

고물
잣가루 1컵

기타
(고물 묻힐 때) 꿀 1/4컵

1 **석이버섯 가루 만들기**
① 석이버섯은 뜨거운 물에 불려 손바닥으로 싹싹 비벼 깨끗이 씻는다.
② 배꼽을 떼고 물을 꼭 짜서 바싹 말린 다음 분쇄기에 갈아 고운 가루로 만든다.
③ 석이버섯 가루에 뜨거운 물(80~90℃) 1/2큰술을 넣고 나무젓가락으로 휘저어 고루 섞어 불린다.
④ 불린 석이버섯 가루에 참기름과 꿀을 섞어 잠깐 두었다가 다시 고루 섞는다.

2 **반죽 쪄서 꽈리 치기**
① 찹쌀가루에 소금을 넣고 중간체에 내린다.
② 불려놓은 석이버섯 가루를 섞은 후 되직하게 반죽해 반대기를 빚는다.
③ 김이 오르는 찜통에 베 보자기를 깔고 반대기를 올려 20분 이상 푹 찐다.
④ 떡이 붙지 않게 미리 큰 그릇과 방망이에 꿀을 발라놓는다.
⑤ 그릇에 쏟아 방망이로 꽈리가 일도록 친다.

3 **썰어서 고물 묻히기**
① 도마에 꿀을 바르고 친 떡을 고루 펴서 두께 1cm 정도로 납작하게 만든다.
② 인절미보다 작게 너비 2.5cm, 길이 3cm 크기로 썬다.
③ 떡 표면에 꿀을 바르고 잣가루 고물을 묻힌다.

도움말

· 말린 석이버섯 가루는 놋그릇에 담아 물을 넣고 나무젓가락 두 쌍을 한 손에 쥐고 휘저어 불린다. 놋그릇은 열전도율이 높아 뜨거운 물의 온도를 유지하기 때문에 석이버섯 가루가 잘 붙는다.
· 잣가루 고물은 나무젓가락으로 떡을 잡고 묻히면 편하다.

대추단자

서울과 경기 지역의 향토 떡으로, 찹쌀가루에 다진 대추와 대추고를 섞어 반죽해 쪄서 만든다. 네모나게 썰어 단자로 만드는 대신, 떡을 조금씩 떼어 둥글게 경단으로 빚어 만들기도 한다.

찹쌀가루 3컵
대추 30g
대추고 1/4컵
소금 1/2작은술

고물
잣가루 1컵

기타
(고물 묻힐 때) 꿀 1/4컵

1 **대추 다지기**
대추는 돌려 깎아 씨를 빼고 곱게 다진다.

2 **찹쌀가루 반죽하기**
① 찹쌀가루에 소금을 넣고 중간체에 내린다.
② 대추 다진 것과 대추고를 넣고 손바닥으로 비벼 고루 섞은 후 찬물로 되게 반죽해 반대기를 짓는다.

3 **반죽을 쪄서 꽈리 치기**
① 김이 오르는 찜통에 베 보자기를 깔고 반대기를 올려 20분 이상 푹 찐다.
② 떡이 붙지 않게 미리 큰 그릇과 방망이에 꿀을 발라놓는다.
③ 큰 그릇에 쏟아 꽈리가 일도록 친다.

4 **썰어서 고물 묻히기**
① 도마에 꿀을 바르고 친 떡을 고루 펴서 두께 1cm 정도로 납작하게 만든다.
② 너비 2.5cm, 길이 3cm 크기로 인절미보다 작게 썬다.
③ 꿀을 발라 잣가루를 묻힌다.

도움말

· 단자용 대추고는 수분이 적은 것이 좋다. 대추를 물에 넣어 삶지 말고 찜기에 올려 무를 때까지 오래 쪄서 뜨거울 때 굵은체에 내리면 수분이 적은 되직한 대추고를 만들 수 있다. 반면에 약식용 대추고는 묽어야 좋다.
· 대추고와 다진 대추를 같이 넣는 대신 찹쌀 반죽을 둘로 나누어 각각 대추고와 다진 대추를 넣으면 맛이 다른 두 가지의 대추단자를 만들 수 있다.
· 대추고를 거르고 체에 남은 대추 껍질과 씨를 모아 생강을 넣고 끓여 차를 만든다.

감
떡

감떡은 '달다'는 뜻의 감(甘) 자가 들어 있어 단떡이라는 의미도 있지만, 실제로도 찹쌀에 곶감 가루를 넣어 만든 떡이다. 〈임원경제지〉에는 시고(柿糕)로 기록되었는데, 찹쌀 10되에 곶감 50개를 같이 넣고 가루로 빻아 대추고를 섞어 만들었다.

찹쌀 3컵
곶감 8개
대추 80g
소금 1/2큰술

고물
호두 80g
잣 1컵

기타
(고물 묻힐 때) 꿀 1/2컵

1　떡가루 준비하기

① 찹쌀을 씻어 4~6시간 물에 담가 불린 다음 체에 밭쳐 물을 뺀다.

② 곶감의 씨와 심을 빼내고 잘게 썬다.

③ 불린 찹쌀과 곶감에 소금을 넣고 같이 빻아 가루로 만든다.

2　대추 가루 만들기

대추는 씻은 후 돌려 깎아 씨를 제거하고 물기를 닦아 바싹 말린 다음 분쇄기에 갈아 가루로 만든다.

3　호두와 잣으로 고물 만들기

① 호두는 따뜻한 물에 담가 속껍질까지 벗긴 뒤 물기를 말려 곱게 다져 중간체에 내린다.

② 잣은 고깔을 떼고 마른행주로 닦아 도마 위에 한지를 깔고 잘 드는 칼로 곱게 다져 중간체에 내린다.

4　떡 반죽해서 찌기

① 찹쌀과 곶감으로 만든 떡가루에 대추 가루를 섞은 다음, 수분이 부족하면 추가로 물을 주어 작은 덩어리가 생길 정도로 반죽한다.

② 김이 오르는 찜통에 베 보자기를 깔고 반죽을 올려 20분 이상 푹 찐다.

③ 큰 그릇과 방망이에 꿀을 발라 떡이 붙지 않도록 준비한다.

④ 찐 떡을 쏟아 방망이로 꽈리가 일도록 친다.

5　경단 만들어 고물 묻히기

① 손에 꿀을 발라 떡을 밤톨만큼 떼어 경단처럼 동그랗게 빚는다.

② 경단의 반에는 잣가루를 묻히고, 나머지 반에는 호두 가루를 묻힌다.

도움말

· 대추 가루는 굵직한 대추를 골라 씻어 물기를 닦아내고 가늘게 채 썰어 바싹 말린 다음 분쇄기로 가루로 만든다.
· 호두 가루 80g은 대략 1컵 분량이다.
· 감떡은 반죽에 수분이 많으면 맛도 내기 어렵고 모양 잡기도 까다롭다. 곶감과 대추의 마른 정도를 보면서 반죽이 겨우 뭉쳐질 정도로 물 양을 조절한다.
· 감떡은 멥쌀로도 만들 수 있는데 반죽할 때 찹쌀보다 물을 조금 더 넣는다.

잣
구
리

잣구리는 경단의 일종으로, 경상도 영천 지방의 반가 음식이다. 찹쌀 반죽을 가운데가 잘록한 누에고치처럼
빚었는데, 실꾸리(옛날에는 실구리라고 불렀다) 모양 같아 잣구리라는 이름이 붙었다. 붙는 고물에 따라
잣구리, 깨구리, 밤구리, 호두구리라 부른다. 깨구리는 주로 흑임자 가루를 쓴다.

찹쌀 3컵
소금 1/2큰술

고물
잣 1컵

소
밤 200g
꿀 1/2큰술

1 **떡가루 준비하기**
① 찹쌀을 씻어 4~6시간 담가 불린 다음 체에 밭쳐 물을 뺀다.
② 불린 찹쌀에 소금을 넣고 가루로 빻아 중간체에 내린다.

2 **밤소 만들기**
① 밤은 푹 쪄서 겉껍질과 보늬를 벗긴 후 방망이로 찧어 굵은체에 내린다.
② 밤에 꿀을 섞어 은행 크기로 동그랗게 소를 빚는다.

3 **잣가루 고물 만들기**
① 잣은 고깔을 떼고 마른행주로 닦는다.
② 도마에 한지를 깔고 잣을 올려 잘 드는 칼로 가볍게 다진다.
③ 다진 잣을 중간체에 내린다. 체에 걸린 것은 다시 다져 내린다.

4 **떡 빚어 삶기**
① 찹쌀가루를 뜨거운 물로 익반죽해 조금씩 떼어 밤소를 넣고 누에고치
모양으로 빚는다.
② 빚은 반죽을 끓는 물에 넣어 삶는다.
③ 다 익으면 떡을 건져 찬물에 두세 번 헹궈 체에 밭쳐 물기를 없앤다.

5 **잣가루 고물 묻히기**
나무젓가락으로 떡을 잡고 잣가루에 굴려 묻힌다.

도움말

· 잣을 다지는 도중에 한지에 기름이 배면 새것으로 바꿔 보송보송하게 다진다.

쑥굴리

쑥이 많이 나는 봄철에 만드는데, 지역에 따라 쑥굴레(서울·경기·전남·경남), 쑥구리단자(서울·경기), 애경단(전남)이라 부른다. 경상도에서는 찹쌀 반죽과 팥고물을 따로 뭉친 다음 합쳐 동그랗게 빚거나 떡 사이에 거피팥고물을 넣어 만들기도 했다.

찹쌀가루 5컵
삶은 쑥 50g
소금 1/2큰술

소
유자청 건지 1~2큰술
대추 50g

고물
거피팥고물 3컵

기타
(고물 묻힐 때) 꿀 1/4컵

1 **쑥 삶아 다지기**
① 쑥은 다듬어서 깨끗이 씻은 다음 끓는 소금물에 삶아 찬물에 헹군다.
② 물기를 꼭 짜서 칼로 아주 곱게 다진다.

2 **대추 소 만들기**
① 유자청 건지는 곱게 다진다.
② 대추는 씨를 빼고 곱게 다진다.
③ 다진 유자청과 다진 대추를 잘 섞어 은행알 크기로 소를 빚는다.

3 **찹쌀가루 쪄서 쑥과 섞기**
① 찹쌀가루에 다진 쑥과 소금을 넣고 고루 비벼 섞은 후 중간체에 내린다.
② 물을 조금 넣고 작은 덩어리로 뭉쳐질 정도로 덩얼덩얼하게 반죽한다.
③ 김이 오른 찜기에 베 보자기를 깔고 반죽을 올려 20분 이상 푹 찐다.
④ 큰 그릇에 푹 찐 반죽을 쏟아 방망이로 꽈리가 일도록 친다.

4 **떡 빚어 고물 묻히기**
① 손에 꿀을 조금 바르고 떡을 조금씩 떼어 소를 넣고 갸름하게 빚는다.
② 겉에 꿀을 바르고 거피팥고물을 묻힌다.

도움말

· 거피팥고물 대신 녹두고물이나 밤고물, 밤채, 대추채를 써도 된다.
· 거피용 팥은 옛날에는 푸른팥이라 불렀으나 요즘은 거피팥, 거두, 회색팥으로 시판된다.
· 거피팥고물은 다음과 같이 만든다. 거피팥을 물에 담가 충분히 불린 후 물을 따라 버리고 요철이 있는 그릇에 옮겨 담아 문질러 껍질을 깐다. 불린 제물을 다시 부어 껍질을 체로 건지고 벗겨지지 않은 팥을 골라낸다. 팥을 찬물로 헹구고 물기를 뺀 다음 찜통에 베 보자기를 깔고 40분 정도 푹 찐다. 소금을 넣고 절구에 빻아 굵은체에 내린다. 거피팥 5컵에 소금 1큰술 정도 넣는다. 시중에서 파는 거피되어 나오는 팥을 쓰면 편하다.

잡과편

경상도 지방의 향토 떡으로, 찹쌀가루를 반죽해 쪄서 방망이로 세게 쳐 덩어리가 다 풀리게 한 다음 밤소를 넣고 경단 크기로 둥글게 빚어 꿀을 바른 후 곶감채, 밤채, 대추채를 묻힌 떡이다. 〈규합총서〉에 기록되어 있는데, 곶감과 대추, 밤의 채를 머리칼같이 썰라고 했다.

찹쌀 3컵
소금 1/2큰술

고물
곶감 5개
밤 100g
대추 1컵
잣 1컵
꿀 1/2컵

소
밤 200g
꿀 1/2큰술
계핏가루 1작은술
후춧가루 조금

1 떡가루 준비하기

① 찹쌀은 씻어 물에 담가 4~6시간 불린 다음 체에 밭쳐 물을 뺀다.

② 불린 찹쌀에 소금을 넣고 가루로 빻아 중간체에 내린다.

2 찹쌀가루 찌기

① 찹쌀가루를 뜨거운 물로 익반죽해 구멍떡을 만든다. 귓밥 정도로 말랑하게 반죽한다.

② 시루에 시룻밑을 놓고 베 보자기를 깔고 구멍떡을 올린다.

③ 김이 오른 찜기에 올려 20분 이상 푹 찐다.

④ 떡이 붙지 않도록 미리 큰 그릇과 방망이에 꿀을 조금씩 바른다.

⑤ 큰 그릇에 찐 떡을 쏟아 꽈리가 일도록 꽤 친다.

3 견과류 채 썰어 고물 만들기

① 대추는 껍질을 얇게 돌려 깎아 밀대로 민 다음 곱게 채 썬다.

② 곶감은 씨를 빼고 얇게 저민 다음 살짝 말려 곱게 채 썬다.

③ 밤은 속껍질을 벗겨 곱게 채 썬다.

④ 밤채와 대추채, 곶감채를 고루 섞어 고물을 완성한다. 끝이 가는 쇠젓가락을 이용해 섞으면 편하다.

4 잣 다지기

① 잣은 고깔을 떼고 마른행주로 닦는다.

② 도마에 한지를 깔고 잣을 올려 잘 드는 칼로 가볍게 다진다.

③ 다진 잣을 중간체에 내린다. 체에 걸린 것은 다시 다져 내린다.

5   밤소 만들기

① 밤은 푹 쪄서 반으로 잘라 찻숟가락으로 속을 긁어 굵은체에 내린다.

② 밤가루에 꿀과 계핏가루, 후춧가루를 잘 섞은 후 조금씩 떼어 은행알 크기로 소를 만든다.

6   떡 만들기

① 떡을 밤톨만큼씩 떼어 얇게 펴서 밤소를 넣고 오므린다.

② 표면에 꿀을 발라 고물을 묻힌 다음 잣가루에 굴린다.

도움말

· 곶감은 먼저 어느 정도 말린 다음 채 썰어야 한다. 그러지 않으면 곶감채가 서로 붙어 떨어지지 않는다.
· 잣을 다지는 도중에 한지에 기름이 배면 새것으로 바꿔 보송보송하게 다진다.
· 보통 고물로 쓰는 잣가루는 중간체에 내리는 것이 좋고, 석탄병처럼 떡가루 안에 섞을 때는 굵은체에 내려도 된다.

부편

부편이라는 이름 자체가 '웃기떡'을 의미하며, 이름대로 각색편의 웃기로 쓰인다. 특히 경상도 밀양 지방에서 많이 만든다. 강인희의 〈한국의 떡과 과줄〉에서는 콩가루소를 넣고 곶감채를 고물로 묻혔다.

찹쌀 2⅓컵
대추 50g
소금 1/2큰술

소
녹두고물 2컵
꿀 1/3컵
계핏가루 조금

고물
녹두고물 3컵
물 1컵
꿀 1/4컵

1 **찹쌀가루 만들기**
① 찹쌀을 씻어 물에 담가 4~6시간 불린 다음 체에 밭쳐 물기를 뺀다.
② 불린 찹쌀에 소금을 넣고 가루로 빻아 중간체에 내린다.

2 **대추 썰기**
대추는 깨끗이 씻어 물기를 닦아 돌려 깎아 씨를 발라내고 4~6조각을 낸다.

3 **녹두소 만들기**
① 녹두고물 2컵에 꿀과 계핏가루를 넣어 고루 섞는다.
② 은행알 크기로 떼어 꼭꼭 뭉쳐 소를 만든다.

4 **떡 빚어 찌기**
① 찹쌀가루를 뜨거운 물로 익반죽해 잘 치댄다.
② 반죽을 작게 떼어 안에 녹두소를 넣고 동글납작하게 빚은 다음 대추 조각 두세 개를 박는다.
③ 김이 오른 찜기에 올려 퍼지지 않을 정도로 살짝 찐다.

5 **고물 묻히기**
① 물 1컵에 꿀 1/4컵을 녹여 꿀물을 만든다.
② 찐 부편을 꿀물에 담갔다 바로 건져 녹두고물을 묻힌다.

도움말

· 대추 50g은 5~7개다.
· 부편의 소는 녹두 대신 볶은 콩가루나 거피팥고물, 곶감, 대추, 참깨, 흑임자로 만들어도 좋다.
· 녹두고물은 다음과 같이 준비한다. 녹두를 따뜻한 물에 불려 물을 따르고 문질러 껍질을 완전히 벗긴다. 불린 제물을 다시 부어 껍질을 체로 건져낸다. 녹두를 찬물에 헹궈 체에 밭쳐 김이 오른 찜통에 올려 40분 이상 찐 다음 소금을 넣어 찧고 굵은체에 내린다. 녹두 5컵에 소금 1큰술 정도 넣는다. 시중에 나와 있는 껍질을 벗긴 녹두를 사서 쓰면 편리하다.

배
피
떡

경기도 향토 떡으로, 원래 개성에서 주로 만들었다. 겨울철 밤참으로 즐겼는데 떡이 굳으면 석쇠에 구워 꿀을 찍어 먹는다. 황해도의 오쟁이떡과 비슷한데, 오쟁이떡은 녹두가 아니라 붉은팥 소를 넣어 만든다.

찹쌀 5컵
소금물 1/4컵

소
녹두고물 3컵
꿀 1/4컵
계핏가루 1작은술
소금 1작은술

고물
볶은콩가루 3컵

1 찹쌀 불리기

찹쌀을 씻어 물에 담가 4~6시간 불린 다음 체에 받쳐 물기를 뺀다.

2 녹두소 만들기

① 녹두는 따뜻한 물에 불린 다음 물을 따르고 문질러 껍질을 벗기고
   일어 잡물을 골라내고 체에 받쳐 물을 뺀다.

② 김이 오른 찜통에 녹두를 올려 푹 쪄서 굵은체에 내린다.

③ 체에 내린 녹두고물에 소금과 꿀을 섞은 다음 마른 냄비에서 살짝
   볶는다.

④ 계핏가루를 섞어 반죽해 은행알만큼 떼어 갸름한 모양으로 꼭꼭
   뭉친다.

3 소금물 뿌려가며 찹쌀 찌기

① 시루에 시룻밑을 놓고 베 보자기를 깔아 불린 찹쌀을 고루 편다.

② 김이 오르는 찜통에 올려 찌다가, 다시 김이 오르면 소금물의
   1/3 분량을 뿌리고 찹쌀을 고루 섞는다.

③ 다시 뚜껑을 닫고 밥알이 퍼질 때까지 찐다. 중간에 남은 소금물을
   두세 차례 나눠 뿌리며 찹쌀을 전체적으로 섞는다.

4 찹쌀밥 치기

① 떡이 달라붙지 않도록 큰 그릇과 방망이에 미리 물을 바른다.

② 찐 밥을 큰 그릇에 부어 뜨거울 때 한 덩어리가 되도록 방망이로
   찧는다. 떡이 너무 단단하거나 싱거우면 소금물을 뿌리고 찧는다.

5 떡 빚기

① 친 찹쌀을 작은 감자 크기로 떼어 녹두소를 넣고 오므려 꼭꼭 쥐어
   갸름하게 빚는다.

② 콩가루 고물을 묻힌다.

도움말

· 연한 소금물은 물 1컵에 소금 2작은술을 녹여 만든다.
· 옛날에는 녹두를 맷돌에 타서 조각내어 키로 까불러 껍질을 날리고 썼다. 요즘은 깐 녹두가 시장에 나오므로
  바로 물에 불려 남아 있는 껍질만 벗겨서 쓴다.
· 푸른콩 가루도 고물로 잘 어울린다. 흰콩 가루와 푸른콩 가루로 두 가지 색 배피떡을 만들어 같이 접시에
  올리면 모양새가 곱다.
· 볶은콩가루는 다음과 같이 준비한다. 콩을 깨끗이 씻어 물기를 빼고 바닥이 두꺼운 냄비에 넣어 타지 않게
  볶은 후 완전히 식혀 수분이 남지 않게 말린다. 절구에 찧거나 맷돌에 타서 까불러 껍질을 벗긴 다음 소금을
  넣고 곱게 빻아 고운체에 내린다. 콩 5컵에 소금 1큰술을 넣는다.

모시잎송편

모시잎송편 또는 모시송편이라 부른다. 경상도에서는 찹쌀, 전라도에서는 멥쌀로 만드는데, 두 곳 모두 보통 송편보다는 크게 만든다. 모시는 삼베와 더불어 우리 고유의 옷감을 만드는 중요한 재료로 남쪽 지방에서 재배했기 때문에 모시잎송편 역시 남쪽 지방에서만 만들었다.

멥쌀 10컵
삶은 모시잎 300g
소금 2큰술
베이킹소다 조금
참기름 조금

소
녹두 4컵
설탕 1컵
소금 1/2큰술

1 **모시 잎 손질하기**

① 모시 잎은 억센 줄기를 잘라내고 깨끗이 씻는다.

② 끓는 물에 모시 잎을 삶아 물에 헹궈 물기를 꼭 짠다. 삶을 때 베이킹소다를 소량 넣으면 색이 선명해진다.

2 **떡가루 준비하기**

① 멥쌀을 씻어 6~8시간 물에 담가 불린 다음 체에 밭쳐 물기를 뺀다.

② 불린 멥쌀과 모시 잎에 소금을 넣고 가루로 빻아 중간체에 내린다.

3 **녹두소 만들기**

① 녹두는 따뜻한 물에 3~4시간 불려 물을 따라내고 문질러 껍질을 벗긴 다음, 불린 제물을 부어 껍질을 체로 건진다. 녹두는 찬물에 씻어 체에 밭쳐 물기를 뺀다.

② 김이 오른 찜통에 녹두를 올려 40분 정도 푹 찐다.

③ 찐 녹두를 큰 그릇에 담고 소금을 넣고 찧어 중간체에 내린 후 설탕을 섞는다.

4 **익반죽해 송편 빚기**

① 떡가루를 뜨거운 물로 익반죽해 잘 치댄다. 귓밥 정도로 말랑하게 한다.

② 반죽을 조금씩 떼어 충분히 주물러 녹두소를 넣고 송편을 빚는다.

5 **송편 찌기**

① 시루에 시룻밑을 놓고 베 보자기를 깐다. 빚은 송편을 가지런히 놓는다.

② 김이 오른 찜통에 올려 20분간 찐다. 뚜껑을 열고 물을 뿌린다.

③ 뜨거울 때 꺼내 참기름을 바른다.

도움말

· 소는 녹두 외에도 팥이나 풋콩, 깨소금, 밤, 대추 등 다양하게 넣을 수 있다.
· 시중에서 파는 껍질 벗긴 녹두를 구입하면 편하다.
· 모시잎송편은 찹쌀로 만들기도 한다. 찰떡이라 쉽게 팽창하고 늘어지므로 시루에 올릴 때 송편 사이에 간격을 꽤 둔다. 그러지 않으면 찌는 동안 떡이 부풀어 서로 붙는다. 떡이 익으면 바로 퍼지므로 옆에서 떡의 상태를 지켜보면서 퍼지기 시작하면 바로 불을 끈다.

재증병

두 번 쪄서 재증병(再蒸餅)이라 부르며, 정월대보름 차례상에 많이 올렸다. 한 번 찐 송편을 녹말을 묻혀 다시 찌기 때문에 윤기가 나고 더 쫄깃하다. 이용기는 〈조선무쌍신식요리제법〉에서 재증병을 "송편을 만들 때 흰떡을 쳐서 그걸로 송편을 빚어서 다시 쪄서 냉수에 씻어 먹으면 송편이 쫄깃하고 단단하여 좋으니라"라고 했다.

멥쌀 5컵
소금 1큰술
녹말 1/4컵
참기름 조금
솔잎 적당량

소
볶은거피팥고물 3컵
유자청 건지 2큰술
계핏가루 1작은술

1 **떡가루 준비하기**
① 멥쌀을 씻어 6~8시간 물에 담가 불린 다음 건져 체에 밭쳐 물을 뺀다.
② 불린 멥쌀은 소금을 넣어 가루로 빻아 중간체에 내린다.

2 **거피팥소 만들기**
① 유자청 건지는 곱게 다진다.
② 볶은거피팥고물에 다진 유자청 건지와 계핏가루를 고루 섞는다.
③ 은행알 크기로 떼어 둥글게 꼭꼭 뭉친다.

3 **떡반죽 찌기**
① 멥쌀가루가 겨우 뭉쳐질 정도로 찬물을 넣어 반죽한다.
② 김이 오른 찜기에 반죽을 올려 20분 정도 푹 찐다.
③ 큰 그릇에 쏟아 반죽이 곱게 될 때까지 방망이로 찧는다.
④ 떡 반죽이 식지 않도록 따뜻하게 보관한다.

4 **송편 빚기**
① 떡 반죽을 밤톨 크기만큼 떼어 충분히 주물러 둥글게 만든다.
② 거피팥소를 넣어 송편을 빚는다.

5 **다시 찌기**
① 떡을 녹말에 굴려 녹말옷을 입힌 다음 여분의 가루를 털어낸다.
② 찜통에 솔잎을 깔고 송편을 가지런히 얹는다.
③ 송편에 분무기로 물을 뿌린 후 김이 오른 찜기에 올려 다시 찐다.
④ 다 쪄지면 꺼내 찬물에 헹궈 솔잎을 떼어내고 참기름을 바른다.

도움말

· 거피팥고물은 다음과 같이 만든다. 거피팥을 물에 담가 충분히 불린 후 불린 물을 따라내고 자배기(표면에 요철이 있는 그릇)에 옮겨 담아 문질러 껍질을 깐다. 불린 물을 다시 부어 껍질을 체로 건지고 껍질이 벗겨지지 않은 팥을 골라낸다. 팥을 찬물로 헹구고 건져 물기를 뺀 다음 찜통에 베 보자기를 깔고 40분 정도 푹 찐다. 소금을 넣고 절구에 빻아 굵은체에 내린 다음 바닥이 두꺼운 냄비에 볶는다. 시중에서 판매하는 거피된 팥을 구매해서 쓰면 편하다. 거피팥 5컵에 소금 1큰술 정도 넣는다.

찰옥수수 인절미

강원도 지역 향토 떡으로, 이곳에서는 쌀이 귀해 찰옥수수로 떡을 많이 만들었다. 붉은팥 외에도 흰콩이나 강낭콩, 흑임자를 고물로 묻힐 수 있다.

말린 찰옥수수 5컵
소금 1큰술

고물
붉은팥 3~4컵
소금 1작은술

1 찰옥수수 가루 준비하기

① 찰옥수수는 씻어서 두세 조각을 내어 미지근한 물에 하루 이상 담가 푹 불린 다음 건져 체에 밭쳐 물기를 뺀다.

② 불린 찰옥수수에 소금을 넣고 가루로 빻아 중간체에 내린다.

2 막팥고물 만들기

① 붉은팥을 씻어 일어 체에 밭친다.

② 찬물에 팥을 넣고 센불로 가열해 우르르 끓어오르면 물은 따라 버린다.

③ 팥에 다시 찬물을 부어 삶다가 팥이 익으면 물을 따라내고 뜸을 들인다. 보슬보슬하게 삶는다.

④ 삶은 팥에 소금을 넣고 대충 찧어 고물을 만든다.

3 떡 반죽 찌기

① 찰옥수수 가루에 물을 넣고 덩얼덩얼하게 반죽한다.

② 시루에 시룻밑을 놓고 베 보자기를 깔아 찰옥수수 가루 반죽을 올린다.

③ 김이 오른 찜기에 올려 센불로 20분 이상 푹 찐다.

4 떡 찌기

① 큰 그릇과 방망이에 떡이 달라붙지 않도록 미리 물을 묻혀놓는다.

② 찐 반죽을 쏟아 방망이로 많이 찧는다.

5 성형해 고물 묻히기

① 넓은 그릇에 팥고물을 고르게 깔고 그 위에 떡을 쏟아 편편하게 늘려 놓는다.

② 팥고물을 고루 뿌려 떡을 덮는다.

③ 너비 2cm, 길이 5cm 정도로 썬다. 자른 면에도 고물을 묻혀 반듯한 쟁반에 꼭꼭 붙여 담는다.

도움말

· 찰옥수수는 맷돌이나 맷돌 믹서에 타서 조각을 낸 다음 물에 담가 불려야 한다.
· 완성한 인절미는 꼭꼭 붙여놓아야 떡이 늘어지지 않아 크기가 일정하다.

전
라
도
주
악

전라도주악은 쌀 반죽을 송편 모양으로 납작하게 빚은 후 지져 두 개를 등끼리 서로 맞붙여 둥근 원 모양으로 만들어서 그 위에 밤채와 대추채, 석이버섯채를 뿌린다. 반죽이 여러 색이라 빛깔이 조화롭고, 주악 위에 밤채와 대추채, 석이버섯채를 뿌려 보기에도 호사스럽다. 전라도에서는 주악 재료를 미리 준비해 두었다가 집안에 경사가 있거나 손님이 오면 바로 만들었다.

찹쌀가루 10컵
소금 1큰술
식용유 1컵

소
볶은 팥가루 1⅓컵
계핏가루 1/2작은술
꿀 2큰술
끓인 설탕물 2큰술
유자청 1큰술
잣 2큰술

고명
밤 120g
대추 40g
석이버섯 10g

색 재료
오미자물 1큰술
치자물 1큰술
시금치 잎 색소 1큰술

1   고명 만들기
① 대추를 껍질만 얇게 돌려 깎아 밀대로 밀어 곱게 채 썬다.
② 밤은 겉껍질과 보늬를 벗기고 곱게 채 썬다.
③ 석이버섯은 뜨거운 물에 불려 손바닥으로 문질러 씻어 배꼽과 이끼를 떼고 깨끗이 씻어 물기를 닦아내고 곱게 채 썬다. 마른 팬에 약불로 볶아서 말린다.

2   찹쌀 익반죽하기
① 찹쌀가루에 소금을 넣고 중간체에 내린 다음 넷으로 나눈다.
② 넷 중 하나는 뜨거운 물로 익반죽해 말랑하게 치대 흰색 반죽을 만든다.
③ 붉은색 반죽은 찹쌀가루에 오미자물을 넣고 골고루 섞어 원하는 빛깔을 낸 다음, 뜨거운 물로 익반죽해서 말랑하게 치댄다.
④ 노란색 반죽은 찹쌀가루에 치자물을 넣고 골고루 섞어 원하는 빛깔을 낸 다음, 뜨거운 물로 익반죽해 말랑하게 치댄다.
⑤ 초록색 반죽은 찹쌀가루에 시금치 잎으로 만든 색소를 넣고 골고루 섞어 원하는 빛깔을 낸 다음, 뜨거운 물로 익반죽해 말랑하게 치댄다.

3   소와 비늘잣 만들기
① 볶은 팥가루에 계핏가루와 꿀, 유자청, 끓인 설탕물을 넣고 반죽한다.
② 지름 1.3cm 크기로 동글게 빚어 소를 만든다.
③ 잣은 고깔을 떼어내고 마른행주로 닦은 후 칼로 2~3회 저며 비늘잣을 만든다.

4   주악 빚어 부치기
① 네 가지 색 반죽을 각각 지름 3.5cm 크기로 둥글납작하게 빚는다.
② 팬에 기름을 두르고 지져서 반죽이 익어 부풀면 잠깐 두었다가 꺼내 살짝 식힌다.
③ 가운데 팥소를 놓고 비늘잣을 한두 개 넣어 송편 싸듯 반을 접어 가장자리를 꼭꼭 누른다.
④ 따뜻할 때 색이 다른 것 두 개씩 등 쪽을 맞붙인다.

5   접시에 담고 고명 올리기
① 접시에 주악을 색깔 맞추어 돌려 담는다.
② 밤채와 대추채, 석이버섯채 고명을 넉넉하게 얹는다.

도움말

· 끓인 설탕물은 물 2 : 설탕 1의 비율로 만든다.
· 떡을 지지면 색이 더 진해지므로 반죽은 원하는 색보다 연하게 한다.
· 오미자와 치자는 아주 진하게 우린다. 재료와 물의 비율은 재료의 상태에 따라 다르지만 다음과 같다. 오미자는 물에 씻은 다음 다시 찬물에 담가 하룻밤 우린다. 분량은 물 3에 오미자 1의 비율이다. 치자는 치자 2개를 쪼개 물 1/4컵에 담가 우린다. 급하면 미지근한 물에 담근다.
· 시금치의 연한 잎을 골라 가운데 굵은 잎맥은 잘라내고 곱게 다지거나 분쇄기에 갈아 고운체에 내린다. 끓는 물에 내린 즙을 넣으면 미세한 초록색 입자가 뜨는데 고운체로 건져 쓴다. 선명한 초록빛이 난다.

273

곤
떡

충청도 향토 떡으로, '고운 떡'이 줄어 곤떡이 되었다. 색이 고와 예전에는 편의 웃기로 많이 썼다. 지치는 지초, 자초, 지추로도 부르는데 뿌리를 말려 약재나 자주색 염료로 쓴다. 지용성이라 뜨거운 기름에 색을 우려 붉은색 기름을 만들어 쓰는데, 산자나 강정의 고물을 붉게 만들 때도 쓴다. 화상이나 동상, 습진에 약효가 있어 한약재로도 쓰인다.

찹쌀 2½컵
소금 1/2큰술
꿀 1/4컵

지치 기름
지치 10g
식용유 1/2컵

1   **떡가루 준비하기**

① 찹쌀을 깨끗이 씻어 물에 담가 4~6시간 불려 체에 받쳐 물기를 뺀다.

② 불린 찹쌀에 소금을 넣고 가루로 빻아 중간체에 내린다.

2   **지치 기름 우리기**

① 지치를 깨끗하게 씻어 물기 없이 닦는다.

② 기름이 120℃가 되면 지치를 넣고 계속 가열해 온도를 150℃까지 높여 붉은색을 진하게 우린다.

3   **떡 빚기**

① 찹쌀가루를 뜨거운 물로 익반죽해 말랑해질 때까지 오래 치댄다.

② 반죽을 조금씩 떼어 지름 4~5cm 크기로 둥글납작하게 빚는다.

4   **떡 지지기**

① 팬에 지치 기름을 두르고 빚은 반죽을 올려 약불에서 지진다.

② 다 익으면 꺼내 뜨거울 때 꿀을 바른다.

도움말

· 낮은 온도의 기름에서는 지치의 붉은색이 잘 우러나지 않으므로 기름을 150℃까지 끓여 색을 추출한다.

건과류부꾸미

대추와 곶감, 호두 등의 말린 열매를 다져 소를 만들어 만든 부꾸미로, '말린' 열매를 써서 이름에 '건(乾)' 자가 붙었다. 부꾸미는 기름에 지지는 전병의 한 종류로 찹쌀가루나 찰수수 가루를 익반죽해 소를 넣어 반달 모양으로 만들어 지지는데 여기에서 소개한 건과류 부꾸미는 말아서 만든다. 부꾸미는 비교적 후대에 만들어진 떡으로, 1924년 발간된 〈조선무쌍신식요리제법〉에 '북괴미'라는 이름으로 처음 기록되었다.

찹쌀 2½컵
소금 1/2큰술
식용유 2큰술

소
대추 200g
곶감 250g
호두 150g
잣 3큰술
꿀 1큰술
계핏가루 1작은술
소금 조금

1 **찹쌀가루 만들기**

① 찹쌀을 깨끗이 씻어 물에 담가 4~6시간 불린 다음 건져 체에 받쳐 물기를 뺀다.

② 불린 찹쌀에 소금을 넣고 가루로 빻아 중간체에 내린다.

2 **건과소 만들기**

① 대추는 깨끗이 씻어 물기를 닦아 씨를 빼고 찜기에 올려 살짝 찐 다음 곱게 다진다.

② 곶감은 꼭지를 떼고 찜기에 올려 살짝 쪄서 씨를 뺀 다음 곱게 다진다.

③ 잣은 가볍게 씻어 물기를 닦은 다음 굵게 다진다.

④ 호두는 뜨거운 물에 담가 속껍질을 벗긴 다음 잘게 다진다.

⑤ 다진 건과에 꿀과 계핏가루, 소금을 넣어 고루 섞는다.

⑥ 소를 지름 2~3cm, 길이 5~6cm의 가래떡 모양으로 만든다. 손으로 꼭 쥐어 단단하게 만든다.

3 **익반죽해서 빚기**

① 찹쌀가루를 뜨거운 물로 익반죽해서 말랑할 때까지 오래 치댄다.

② 반죽을 떼어 지름 6~7cm, 두께 2mm로 둥글납작하게 빚는다.

4 **부꾸미 지지기**

① 기름 두른 팬에 부꾸미 반죽을 올려 뒤집어가며 양면을 노릇하게 지진다.

② 위에 소를 올려 돌돌 만다.

③ 식으면 먹기 좋은 크기로 동글게 썬다.

도움말

· 익반죽한 찹쌀가루 반죽은 겉면이 매끈하고 윤기가 날 때까지 오래 치대는 것이 좋다.

토란병

찹쌀의 쫄깃한 식감과 싸한 토란의 맛이 어우러지는 독특한 떡으로, 〈규합총서〉에 "토란을 익게 삶아 껍질 벗겨 찹쌀가루 섞어 무르녹게 찧어서 떡 만들어 참기름에 지진다"라고 기록되어 있다.

토란 1kg
찹쌀 3컵
소금 2큰술
참기름 1/2컵
식용유 1/2컵

1 **떡가루 준비하기**
① 찹쌀을 깨끗이 씻어 물에 담가 4~6시간 불린 다음 체에 밭쳐 물기를 뺀다.
② 불린 찹쌀을 가루로 빻아 중간체에 내린다.

2 **토란 손질하기**
① 토란을 깨끗이 씻어 찜통에서 푹 찐다.
② 껍질을 벗겨 굵은체에 내린다.

3 **반죽해서 지지기**
① 체에 내린 토란과 찹쌀가루에 소금을 넣어 무르도록 방망이로 찧어 잘 섞는다.
② 반죽을 작게 나누어 지름 5cm, 두께 5mm로 둥글납작하게 빚는다.
③ 참기름과 식용유를 섞은 기름에 노릇하게 지진다.

도움말

· 참기름과 식용유를 같은 비율로 섞어 쓴다.

빙
자

빙자는 조선시대 중기부터 만들기 시작한 떡으로, 〈음식디미방〉에는 빈자법, 〈규합총서〉에는 빈자로 기록되어 있다. 녹두 반죽에 밤소를 올리고 다시 위를 녹두 반죽으로 덮어 지진다.

녹두 3컵
소금 1½작은술
후춧가루 조금
식용유 1/2컵

소
밤 200g
꿀 조금
소금 1/4작은술

고명
대추 50g
잣 1큰술

1 녹두 준비하기
① 녹두를 따뜻한 물에 불려 물을 따라내고 손으로 비벼 껍질을 벗긴다. 다시 불린 물을 붓고 껍질을 체로 건진 다음 찬물에 깨끗이 씻는다.
② 믹서에 넣고 녹두가 잠길 정도로 물 3컵을 부어 곱게 간다.

2 밤소 만들기
① 밤을 푹 쪄서 반으로 갈라 찻숟가락으로 속을 파서 모은다.
② 소금을 넣고 절구에 찧어 굵은체에 내린다.
③ 꿀을 골고루 섞어 지름 1.5cm 크기로 동글납작하게 꼭꼭 뭉쳐 소를 만든다.

3 고명 만들기
① 대추는 깨끗이 씻어 물기를 닦고 돌려 깎는다. 가위로 작은 꽃잎 모양으로 오리거나 꽃 모양 커터를 사용한다.
② 잣은 고깔을 떼고 씻어 물기를 닦는다.

4 녹두 반죽 지지기
① 녹두 간 것에 소금과 후춧가루를 넣어 충분히 섞는다.
② 팬에 기름을 넉넉히 두르고 수저로 녹두 반죽을 떠서 지름 4~5cm 크기로 동그랗게 만든다.
③ 가운데 밤소를 올리고 다시 녹두 반죽을 떠서 위를 덮는다.
④ 가장자리를 숟가락으로 눌러 꽃전 모양으로 만든다.
⑤ 빙자 가운데에 잣 2개를 박고 대추 오린 것을 사방에 붙인다.
⑥ 어느 정도 익으면 뒤집어 지진다.

도움말

· 시중에서 판매하는 거피된 녹두를 쓰면 편하다. 거피되지 않은 녹두는 맷돌이나 맷돌 믹서에 타서 물에 불린다.
· 녹두 반죽에 소금을 미리 넣으면 반죽이 삭으므로 부치기 직전에 넣는다.
· 반죽을 쓸 때마다 반죽 밑까지 전체적으로 저은 다음 뜬다.
· 녹두 반죽은 기름을 넉넉히 붓고 숟가락으로 모양을 잡으며 지진다.

약
과

옛날에는 참기름이나 꿀이 든 음식은 몸에 약이 된다 하여 '약(藥)' 자를 붙였다. 약과의 종류에는 다식과와 만두과, 모약과가 있는데, 처음에는 과일이나 새, 물고기 모양으로 만들다가 제상이나 연회상에 고이기 힘들어 정방형의 모약과, 다식판에 박아 만든 다식과 등으로 발전했다. 여기 소개된 약과는 다식과다.

밀가루(중력분) 3컵
참기름 4큰술
꿀 5큰술
청주 1큰술
생강즙 1큰술
계핏가루 1/2작은술

튀김용
식용유 5컵

집청
꿀 2/3컵
조청 1컵

고명
잣가루 2큰술
계핏가루 조금

1 밀가루에 참기름 먹이기
① 밀가루를 중간체에 한 번 내린다.
② 밀가루를 큰 그릇에 담고 가운데를 헤쳐 참기름을 넣고 손바닥으로 비벼 고루 잘 섞는다.
③ 다시 중간체에 내린다.

2 약과 반죽하기
① 참기름 먹인 밀가루에 꿀과 청주, 생강즙, 계핏가루를 넣고 골고루 섞는다.
② 반죽을 손으로 쥐어 뭉쳐질 정도가 되면 꾹꾹 눌러 뭉쳐 20분간 휴지한다.
③ 조금씩 떼어 약과판에 박아 모양을 만든 다음 빼낸다.

3 집청 만들기
꿀과 조청을 섞어 약불로 한소끔 끓여 집청을 만든다.

4 튀기기
① 기름이 130~140℃가 되면 약과 반죽을 넣고 속까지 갈색이 나도록 튀긴다. 참기름을 조금 넣으면 좋다.
② 건져 기름을 뺀다.

5 집청하기
① 튀긴 약과를 집청에 담근다. 칙 소리가 날 정도로 뜨거울 때 담가야 좋다.
② 약과 속까지 집청이 스며들면 건진다.
③ 계핏가루와 잣가루를 뿌려 낸다.

도움말

· 약과 반죽을 할 때는 한쪽 방향으로만 섞는 것이 좋다. 치대지 않는다.
· 튀김 온도가 낮으면 약과가 풀어질 수 있다. 먼저 한 개 넣어 튀겨보아 풀어지면 기름 온도를 높인다.
· 약과가 반듯한 것보다 균열이 생긴 것이 집청이 잘 스며든다. 2~4일간 집청에 담가두면 약과의 빛깔도 곱고 연해진다.
· 옛날에는 반죽할 때뿐 아니라 튀길 때도 참기름을 썼는데, 강인희는 <한국의 맛>에서 튀김 기름에 참기름을 조금 섞어 쓰면 좋다고 했다.

개성약과

약과처럼 기름과 꿀로 만든 과자류를 유밀과(油蜜菓)라 하는데 고려시대에 차 마시는 풍습과 함께 유행했다. 〈오주연문장전산고〉에 고려 충렬왕 22년(1296) 신부가 시부모를 뵐 때 유밀과를 썼다고 기록된 것으로 보아 폐백 음식이었다는 것을 알 수 있다. 조선 후기의 책 〈사류박해〉에는 고려병으로 기록되었는데, 개성이 고려의 수도라 개성약과라는 이름이 붙었다.

밀가루 3½컵
설탕 1/6컵
베이킹파우더 1/2작은술
참기름 3½큰술
식용유 1½큰술
청주 1½큰술
끓인 설탕물 3큰술

끓인 설탕물
설탕 2컵
물 2컵

튀김용
기름 6컵

집청
(1차) 끓인 설탕물 1컵
꿀 1큰술
(2차) 끓인 설탕물 1/4컵
꿀 2큰술
잣가루 1큰술
다진생강 1작은술

1 끓인 설탕물 만들기

설탕과 물을 바닥이 두꺼운 냄비에 넣고 약불에서 조금 걸쭉해질 때까지 끓여 식힌다. 반죽과 집청에 쓴다.

2 약과 반죽하기

① 밀가루에 설탕과 베이킹파우더를 섞어 다시 체에 내린다.

② 밀가루에 참기름과 식용유를 넣고 손바닥으로 충분히 비벼 체에 두 번 친다.

③ 청주를 넣어 고루 섞은 뒤 체에 다시 내려 반죽이 몽글몽글해지게 한다.

④ 위의 반죽에 설탕물 3큰술을 섞어 한 덩어리로 뭉친다. 주무르지 말고 그냥 꼭꼭 뭉쳐 20분간 휴지한다.

3 반죽 성형하기

① 휴지한 반죽을 도마에 놓고 밀대로 민다.

② 두께 1cm에 4.5cm 크기의 정사각형으로 썬다.

③ 꼬챙이로 구멍을 서너 군데 뚫는다.

4 약과 튀기기

① 기름이 조금 끓기 시작할 때 약과 반죽을 넣고 서서히 기름 온도를 높인다. 바닥에 닿아 타지 않게 주의하고 고루 익도록 자주 뒤집는다.

② 약과 반죽이 떴다가 다시 가라앉기 시작하면 다 익은 것이다. 이때 불을 조금 세게 해서 노르스름하게 빛깔을 낸다.

5 1차 집청

① 설탕물과 꿀을 타서 1차 집청을 만든다.

② 지진 약과를 1차 집청한다. 이때 약과가 뜨거울 때 집청에 넣어 칙 소리가 나도록 한다. 그래야 집청이 잘된다.

③ 집청이 속까지 스며들면 건져서 다른 그릇에 옮겨 담는다.

6 2차 집청

① 설탕물에 꿀과 다진 잣과 다진생강을 넣고 잘 섞어 2차 집청을 만든다.

② 1차 집청한 약과를 2차 집청에 넣고 그릇째 들고 까불러 잣가루와 다진생강을 고루 묻힌다.

도움말

· 반죽과 집청에 쓰는 설탕물은 설탕 2컵과 물 2컵을 끓여 만든다.
· 1차 집청은 2차 집청을 할 때 다시 쓰지 않는다. 2차 집청은 약과에 입힐 정도의 양만 있으면 된다.
· 1차 집청을 한 상태로 보관하다가 2차 집청은 먹기 직전에 하는 것이 좋다.

계강과

계피와 생강을 넣어 만들어 계강과(桂薑果)라는 이름이 붙었다. 이 책에서는 이름에 과(果)가 들어가고 만드는 과정과 맛이 한과에 가까워 한과로 분류했지만 전통적으로는 찹쌀가루로 만들어 떡으로 분류된다. 〈규합총서〉〈음식법(윤씨)〉〈시의전서〉 등에 기록되었다. 고임떡 위에 장식하는 웃기떡 용도로 만들었다.

찹쌀가루 1컵
메밀가루 1컵
생강 400g
계핏가루 1작은술
소금 1/3작은술
꿀 2큰술
식용유 1/4컵

고명
잣가루 1/2컵

소
잣가루 1/3컵
꿀 2작은술

집청
꿀 1/4컵
조청 1/4컵

1 **생강 건지 준비하기**
① 생강을 깨끗이 씻어 껍질을 벗긴 다음 다시 씻는다.
② 곱게 다져 찬물에 헹궈 건지를 건진 다음 꼭 짠다. 생강이 너무 매우면 이 과정을 한 번 더 반복한다.

2 **집청 만들기**
꿀과 조청을 섞어 한소끔 끓여 식힌다.

3 **반죽해 찌기**
① 찹쌀가루와 메밀가루에 생강 건지를 넣고 고루 섞은 후 계핏가루와 소금, 꿀을 넣고 다시 골고루 섞는다.
② 뜨거운 물로 익반죽해 반대기를 빚는다.
③ 김이 오르는 찜통에 반대기를 올린 다음 푹 쪄서 그릇에 쏟아 방망이로 찧는다. 그릇과 방망이에 떡이 붙지 않도록 미리 물을 발라놓는다.

4 **잣가루소 만들기**
잣가루에 꿀을 고루 섞어 팥알 크기로 꼭꼭 뭉쳐 소를 만든다.

5 **계강과 빚어 지지기**
① 반죽을 조금씩 떼어 안에 소를 넣고 오므려 삼각형에 뿔이 난 모양으로 빚는다.
② 팬에 기름을 두르고 약불로 지져 집청에 담갔다 건져 잣가루에 묻힌다.

섭산삼

〈음식디미방〉에 소개된 유서 깊은 음식으로, 당시에는 찹쌀을 묻혀 튀긴 더덕을 꿀에 담가두고 먹었다. 더덕을 산삼처럼 귀히 여겨 섭산삼이라는 이름이 붙었다. 충북 지역에서는 인삼을 편으로 썰어 만들기도 한다. 술안주로 특히 좋다.

더덕 100g
찹쌀가루 1컵
설탕 조금
식용유 적당량

1 **더덕 껍질 벗기기**
① 더덕을 깨끗이 씻어 물기를 닦고 껍질을 벗긴다.
② 다시 씻어 물기를 닦는다.

2 **더덕 손질해 소금으로 간하기**
① 더덕은 길이로 반을 가르는데, 양쪽이 붙어 있도록 끝까지 가르지 않는다. 넓게 펼친 후 방망이로 살살 두드려 얇게 편다. 양쪽이 떨어지지 않도록 조심한다.
② 간간한 소금물에 잠깐 담갔다가 건져 물기를 닦는다.

3 **튀기기**
① 더덕에 찹쌀가루를 골고루 잘 묻힌 후 여분의 가루를 가볍게 털어낸다.
② 팬에 기름을 넉넉히 붓고 노릇하게 튀겨서 기름을 뺀다. 부서지지 않도록 조심한다.
③ 취향에 따라 식은 다음 설탕을 뿌린다.

도움말

· 더덕은 굵고 곧게 뻗은 것을 쓴다.
· 진이 많이 나는 더덕은 겉을 살짝 굽거나 말리면 껍질을 쉽게 벗길 수 있다.
· 간간한 소금물은 물 1컵에 소금 1큰술을 녹여 만든다.
· 더덕을 기름에 튀긴 직후 따뜻할 때 설탕을 뿌리면 바삭하지 않고 눅눅해진다.
· 상에 올릴 때는 초간장을 곁들인다.

전복쌈

〈도문대작〉과 〈음식법(윤씨)〉에 전복만두로 기록된 음식이다. 옛날에는 건전복을 물에 불려 포를 떠서 잣을 싸서 말렸다. 주로 주안상에 안주로 올리거나 폐백 음식의 찬합에 넣었다. 〈시의전서〉에서는 찬합을 마른 것, 진 것, 실과 등 여러 층으로 구성했는데, 전복쌈은 광어, 대구, 산포, 어포, 강요주, 오징어포, 꼴뚜기, 문어 등과 함께 마른 것에 포함된다.

생전복(대) 4마리
소금 3/4컵
잣 1/2컵

기타
(손질) 굵은소금
(탈염) 속뜨물 2~3컵

1 **생전복 손질해 건조하기**

① 싱싱한 생전복을 골라 껍데기째 전복이 보이지 않을 정도로 소금을 듬뿍 뿌려 24시간 재운다.

② 전복이 시커먼 것을 다 토해내면 꺼내 솔로 검은 것이 남아 있지 않을 정도로 깨끗이 닦은 후 내장과 이빨을 떼어낸다.

③ 전복을 속뜨물에 하루 동안 담가 소금기를 뺀다.

④ 전복을 깨끗하게 씻어 가끔씩 뒤집어가며 꾸덕꾸덕할 때까지 말린다.

2 **잣 손질하기**

잣은 고깔을 떼고 마른행주로 닦는다.

3 **말린 전복 찌기**

① 말린 전복의 너울가지를 잘라내고 김 오르는 찜통에 올려 살짝 찐다.

② 전복이 식기 전에 넓고 얇게 포를 뜬다.

4 **전복쌈 싸기**

① 포 위에 잣 서너 알을 올리고 반으로 접어 작은 송편 모양으로 만든다.

② 가장자리를 밀대로 자근자근 눌러 떨어지지 않게 꼭 붙인다.

③ 가위로 반달 모양으로 예쁘게 자른다.

도움말

· 전복의 너울가지는 전복 아래쪽의 너울거리는 부위로, 먹을 수 있지만 포를 곱게 뜨기 위해 여기에서는 정리한다.
· 전복은 10월의 날씨 좋은 날을 기준으로 4일 정도 말린다.
· 전복이 속까지 마르지 않고 겉만 마르는 경우가 있다. 이럴 때는 비닐에 싸서 냉장고에 넣어두면 수분이 고루 퍼진다. 꺼내서 다시 말리면 고르게 건조된다.

마른구절판

가운데에 밀전병을 담고 주위에 볶은 고기와 채소를 담은 것을 구절판이라 부르다가 점차 건과류와 육포
등의 마른안주류를 담은 것도 구절판이라 부르게 되었다. 전통문화포털에서는 1970년대부터 밀전병을
담은 것을 진구절판, 마른안주를 담은 것을 마른구절판이라 구별해 부르기 시작했다고 설명하고 있다.
마른구절판은 혼례 때 시부모에게 폐백을 드리는 폐백상에 주로 올린다.

생란

강생란이나 강란으로도 부르며, 궁중의 연회나 민가의 경사스러운 잔치에 빠지지 않고 올랐다. 생강 고유의
매운맛과 꿀의 단맛이 함께 나고, 조리는 과정에서 식감이 쫄깃해진다. 햇생강으로 만들어야 빛깔과 맛이
좋다.

생강 400g
꿀 1/2컵
묽은 조청 1컵
설탕 1/2컵

고물
잣가루 5큰술
꿀 1큰술

1 **생강 곱게 다지기**
　① 생강을 깨끗이 씻어 껍질을 벗긴 후 다시 씻어 물기를 닦는다.
　② 가늘게 채 썰어 아주 곱게 다진다. 강판에 갈거나 물을 조금 넣고
　　분쇄기에 갈아도 된다.

2 **생강 매운맛 빼기**
　① 다진 생강을 고운체에 밭친다. 생강즙은 따로 받아 그대로 두어 녹말을
　　가라앉히고, 생강 건지는 냄비에 넣고 물을 부어 끓여 매운맛을 뺀다.
　② 끓인 생강 건지를 다시 고운체에 밭쳐 꼭 짠다. 그래도 생강이 매우면
　　새 물을 부어 끓이는 과정을 한 번 더 반복한다.

3 **설탕과 조청에 조리기**
　① 두꺼운 냄비에 생강 건지와 설탕, 묽은 조청을 넣고 뚜껑을 반만 덮어
　　약한 불로 조린다.
　② 생강이 익어 말간 느낌이 나면 꿀을 넣고 계속 조린다. 바닥에 눌어붙지
　　않도록 가끔 젓는다.
　③ 거의 조려지면 가라앉힌 생강 녹말을 넣고 잘 섞는다.
　④ 생강을 조금 떼어 식힌 뒤 뭉쳐보아 잘 뭉쳐지면 불에서 내린다.

4 **세 뿔로 빚어 잣가루 묻히기**
　① 넓게 펼쳐 한 김 식힌 뒤 대추 크기 정도로 떼어 동그랗게 뭉친 다음
　　세 뿔이 난 삼각형 모양으로 빚는다.
　② 꿀을 발라 잣가루를 묻힌다.

도움말

· 토종 생강이 맛과 향이 뛰어나다.
· 생강을 갈아 즙을 짜면 원래 분량의 1/4로 줄어든다. 400g의 생강을 갈아 즙을 짜면 100g 정도의 생강
　건지가 나온다.
· 생강의 매운맛 정도에 따라 새 물을 붓고 끓이는 과정을 2~3회 반복한다.

편포

쇠고기를 다져 대추 모양으로 만들면 대추편포, 동글납작하게 빚어 잣을 일곱 알 박으면 칠보편포다. 이바지에 들어가는 편포는 큰 해삼 모양으로 만들었는데, 받으면 잘라서 떡국에 넣거나 전으로 만들어 먹었다고 한다.

쇠고기 300g
잣 1/4컵

양념장
집간장 2⅓큰술
집진간장 1⅓큰술
꿀 1⅓큰술
끓인 설탕물 1/2큰술
생강즙 1/4작은술
후춧가루 1/4작은술

1 **쇠고기 다져 양념하기**
① 쇠고기는 덩어리가 없게 곱게 다져 핏물을 닦는다.
② 다진 쇠고기에 양념장을 넣고 점성이 생길 때까지 충분히 치댄다.

2 **잣 손질하기**
잣은 고깔을 떼고 마른행주로 닦는다.

3 **대추편포 만들기**
① 양념한 쇠고기의 절반은 대추 모양으로 빚는다.
② 중앙에 잣을 한 알씩 깊게 박는다.

4 **칠보편포 만들기**
① 나머지 쇠고기는 두께 5mm, 지름 2.5cm로 동글납작하게 빚는다.
② 잣 한 알을 중심에 먼저 박은 다음 잣 여섯 알을 돌려가면서 깊숙하게 박는다.

5 **건조하기**
① 채반에 담아 햇볕에 말린다.
② 때때로 앞뒤를 뒤집어 고르게 말리며 모양을 잡는다.

도움말

· 편포에 쓸 쇠고기는 우둔살이 적당하다.
· 끓인 설탕물은 설탕과 물을 1:1 비율로 넣고 끓여서 만든다.
· 칠보편포의 잣은 세로로 세워 박기도 한다. 잣은 깊이 박아야 말릴 때 위로 솟아 올라오지 않는다.
· 상에 낼 때는 참기름을 바른 다음 살짝 구워 잣가루를 뿌린다.

곶감쌈

우리나라 전통 가옥에는 대부분 감나무가 한두 그루 있었을 만큼 감은 전국 어디에서나 친숙한 과일이었다.
옛날에는 집집마다 감의 껍질을 벗긴 뒤 실이나 꼬챙이에 꿰거나 채반에 널어 말려 곶감을 만들었다.

곶감 2개
호두(반태) 8쪽

1 **호두 껍질 벗기기**
① 부스러지지 않고 온전한 모양을 갖춘 호두 반태를 골라 뜨거운 물에
  담갔다가 꼬챙이로 껍질을 벗긴다.
② 마른행주에 올려 물기를 말린다.

2 **곶감쌈 싸기**
① 곶감은 꼭지를 따고 한쪽 면을 갈라 씨를 뺀 뒤 넓게 펼친다.
② 위에 호두 두 쪽을 나란히 올린다. 둥근 쪽이 아래로 향하게 한다.
③ 그 위에 다시 호두 두 쪽을 둥근 쪽이 위를 향하게 맞붙여 올린다.
④ 곶감으로 호두를 완전히 감싸 말고 호두가 곶감에 잘 박히도록 살살
  쥔다.
⑤ 랩으로 잘 감싸 냉동실에 넣는다.

3 **곶감쌈 썰기**
양쪽 끝을 잘라내고 가운데를 3~4등분한다.

도움말

· 곶감쌈은 꼭지를 실에 꿰어 말린 주머니 곶감을 쓰는데 곶감의 과육이 두꺼우면 살짝 저며서 만든다. 크기가
  너무 크지 않고 말랑하게 잘 말린 것으로 고른다.
· 칼집을 넣어 넓게 펼친 곶감 여러 개를 끝이 조금씩 겹치도록 나란히 연결해 놓고 김밥처럼 싸면 한 번에 많이
  만들 수 있다.

은행꼬치

은행(銀杏)은 살구와 닮았다고 해서 살구 행(杏) 자가 붙었는데, 맛과 향이 좋아 오래전부터 갖가지 음식과 고명으로 썼다.

은행 36개
소금 조금
식용유 1/2작은술
꼬챙이 12개

1   은행 손질하기

① 은행을 미지근한 소금물에 30분 정도 담근다.

② 팬에 기름을 두르고 은행을 넣어 파랗게 될 때까지 볶는다.

③ 뜨거울 때 마른행주에 올려놓고 문질러 껍질을 벗긴다.

2   꼬치에 꿰기

꼬챙이에 은행을 3개씩 꽂는다.

호두튀김

호두는 옛 문헌에는 대부분 호도(胡桃)로 기록되어 있는데, 호나라(옛날에 중국을 낮춰 부르던 말)에서 온 복숭아란 의미다. 대추와 밤, 잣 등 견과류는 자손 번창과 풍요를 의미한다.

호두(반태) 10개
녹말 조금
소금(또는 설탕) 조금
식용유 1컵

1   호두 껍질 벗기기

① 부스러지지 않고 온전한 모양을 갖춘 호두를 골라 뜨거운 물에 담갔다가 꼬챙이로 껍질을 깐다.

② 마른행주에 올려 물기를 말린다.

2   튀기기

① 호두에 녹말을 살짝 묻히고 여분의 가루를 털어낸다.

② 150℃의 기름에서 노릇하게 튀겨 뜨거울 때 설탕이나 소금을 살짝 뿌린다.

도움말

· 은행은 따뜻할 때 꽂아야 부서지지 않는다.

잣솔

소나무와 잣나무는 보통 잎의 개수로 구분한다. 잎이 두세 개 붙어 있으면 소나무, 5개가 붙어 있으면
잣나무다. 솔잎을 두 번 묶는 것은 한 쌍을 의미한다.

잣 100개
솔잎 100개
붉은색 실(20cm) 20가닥

1 **잣과 솔잎 손질하기**
① 잣나무의 잎을 5개 붙어 있는 그대로 뽑아 깨끗이 씻어 물기를 닦는다.
② 잣은 고깔을 떼고 마른행주로 닦는다.

2 **잣솔 만들기**
① 솔잎을 잣의 끝 쪽에 난 작은 구멍에 하나씩 끼운다.
② 잣을 끼운 잎 5개를 모아 붉은색 실로 2~3cm 간격을 두고 두 곳을
묶는다.
③ 솔잎을 구절판 길이보다 조금 짧게 자른다.

생률

밤은 자손 번창을 의미하기 때문에 혼례상에 올렸다. 폐백이 끝나고 상에 고인 밤을 대추와 같이 던지면
며느리가 치마로 이를 받는 풍습이 있었다.

밤 10개
쌀뜨물 적당량

1 **밤 껍질 벗기기**
겉껍질만 벗겨 쌀뜨물에 담갔다가 보늬를 벗긴다.

2 **밤 치기**
① 엄지와 검지로 밤의 위아래를 잡고 잘 드는 칼로 주판알 모양으로
친다.
② 쌀뜨물에 밤을 보늬와 함께 담가두었다가 물기를 닦아내고 올린다.

도움말

· 겉껍질 벗긴 밤을 쌀뜨물에 담가두면 보늬가 잘 벗겨진다.
· 잣솔은 잣에 솔잎을 깊숙하게 꽂지 않으면 잘 빠진다.

육포쌈

쇠고기 포로 잣을 싸서 작은 만두처럼 만들어 말린 포쌈이다.

쇠고기 300g
잣 1/4컵

양념장
집간장 2½큰술
집진간장 1½큰술
꿀 1½큰술
설탕 2큰술
생강즙 1/4작은술
배즙 1큰술
후춧가루 1/4작은술

1 **쇠고기 양념하기**
　① 쇠고기는 핏물을 닦고 포를 뜬다.
　② 양념장에 넣고 충분히 주물러 잠시 재운다.

2 **잣 손질하기**
　잣은 고깔을 떼고 마른행주로 닦는다.

3 **육포쌈 만들기**
　① 도마 위에 양념한 쇠고기 포를 넓게 편다.
　② 한쪽 끝부터 잣을 세 알씩 올리고 쇠고기 포 끝을 접어 잣을 싼다.
　③ 잣의 가장자리 부분을 밀대로 자근자근 눌러 포를 붙인다.
　④ 잣을 중심으로 포를 반달 모양이 되도록 가위로 오린다.

4 **건조하기**
　① 채반에 담아 햇볕에서 말린다.
　② 꾸덕꾸덕해지면 가위로 작은 송편 모양으로 다듬는다.

도움말

· 육포쌈의 쇠고기는 우둔살이 적당하다.
· 상에 낼 때는 참기름을 바른 다음 살짝 구워 잣가루를 뿌린다.

참
고
문
헌

고문헌

〈경도잡지〉 유득공, 조선 후기

〈계미서〉 작자 미상, 1554

〈규합총서〉 빙허각 이씨, 1809

〈도문대작〉 허균, 1611

〈동국세시기〉 홍석모, 1849

〈동의보감〉 허준, 1610

〈반찬등속〉 밀양 손씨, 국립민속박물관 소장, 1913

〈부인필지〉 빙허각 이씨, 1915

〈산가요록〉 전순의, 1450년경

〈산림경제〉 홍만선, 1715

〈소문사설〉 이시필, 1720

〈수운잡방〉 김유, 1540년경

〈시의전서〉 작자 미상, 1800년대 말

〈식료찬요〉 전순의, 1460

〈우리나라음식 만드는법〉 방신영, 청구문화사, 1952

〈음식디미방〉 장계향, 1670년경

〈음식방문〉 작자 미상, 1880년경

〈음식방문니라〉 숙부인 전의 이씨, 조환웅 고택 소장, 1891

〈음식법(윤씨)〉 작자 미상, 1800년대 말

〈음식보〉 진주 정씨, 1700년대

〈이조궁정요리통고〉 한희순·황혜성·이혜경, 학총사, 1957

〈조선무쌍신식요리제법〉 이용기, 영창서관, 1924

〈조선상식문답〉 최남선 지음, 이영화 옮김, 경인문화사, 2012

〈조선 요리법〉 조자호, 광한서림, 1939

〈조선요리제법〉 방신영, 신문관, 1917

〈조선요리학〉 홍선표, 조광사, 1940

〈주방문〉 하 생원, 1600년대 말

〈주식시의〉 연안 이씨, 1800년대 말

〈음식법(최씨)〉 해주 최씨, 1660년경

고문헌 연구 도서

〈고농서 국역총역 8. 산가요록〉 전순의 지음, 농촌진흥청 편역, 농촌진흥청, 2004

〈규곤요람·음식방문·주방문·술빚는법·감저경작설·월요농가〉 농촌진흥청, 진한 M&B, 2014

〈규합총서〉 빙허각 이씨 지음, 윤숙자 편역, 질시루, 2003

〈규합총서〉 빙허각 이씨 지음, 이효지 외 9명 편역, 교문사, 2010

〈규합총서〉 빙허각 이씨 지음, 정양완 편역, 보진재, 2006

〈동국세시기〉 홍석모 지음, 정승모 역해, 풀빛, 2009

〈반찬등속〉 밀양 손씨 지음, 청주시 편역, 청주시, 2013

〈소문사설〉 이시필 지음, 농촌진흥청 편역, 농촌진흥청, 2010

〈수운잡방 주찬〉 김유 지음, 윤숙경 편역, 신광출판사, 1998

〈시의전서〉 작자 미상, 이효지 외 우리음식지킴이회 편역, 신광출판, 2004

〈부인필지〉 빙허각 이씨 지음, 이효지 외 9명 편역, 교문사, 2010

〈음식방문〉 작자 미상, 이효지 외 우리음식지킴이회 편역, 교문사, 2014

〈우리나라 최초의 식이요법서 식료찬요〉 전순의 지음, 김종덕 편역, 예스민, 2006

〈음식디미방〉 장계향 지음, 경북대학교 출판부 편역, 경북대학교, 2011

〈음식방문니라〉 전의 이씨 지음, 원선임·김현숙 외 4명 편역, 교문사, 2011

〈음식법 찬법, 할머니가 출가하는 손녀를 위해서 쓴 책〉 작자 미상, 윤서석·조후종·임희수·
윤덕인 편역, 아쉐뜨아인스미디어, 2008

〈전통향토음식용어사전〉 농촌진흥청, 교문사, 2010

〈제민요술-국역본〉 가사협 지음, 윤서석 편역, 민음사, 1993

〈조선요리제법〉 방신영 지음, 윤숙자 편역, 백산, 2011

〈조선요리제법〉 방신영 지음, 조후종 편역, 열화당, 2011

〈조선 사대부가의 상차림〉 연안 이씨 지음, 대전역사박물관 옮김, 대전역사박물관, 2012

〈조선 요리법〉 조자호 지음, 정양완 편역, 책미래, 2014

〈주방문〉 작자 미상, 이효지 외 우리음식지킴이회 편역, 교문사, 2013

〈증보산림경제〉 유중림 지음, 농촌진흥청 편역, 수원, 2003

식문화 관련 단행본 및 논문

〈고대 한국식생활사연구〉 이성우, 향문사, 1978

〈대한민국식객요리, 봄철백미 편〉 허영만·식객요리팀, 김영사, 2008

〈반찬등속, 할머니 말씀대로 김치 하는 법〉 강신혜, 청주부엌, 2022

〈반찬등속, 할머니 말씀대로 한과 하는 이야기〉 강신혜, 청주부엌, 2024

〈발효음식 인문학〉 정혜경, 헬스레터, 2021

〈세시 풍속과 우리 음식〉 조후종, 한림출판사, 2002

〈소문사설, 조선의 실용지식 연구노트: 18세기 생활문화 백과사전〉 이시필 지음, 백승호 등 옮김,
휴머니스트, 2011

〈우리가 정말 알아야 할 우리 음식 백가지〉 한복진·한복려, 현암사, 1999

〈음식고전〉 한복려·한복진·이소영, 현암사, 2016

〈한국민족문화대백과사전〉 한국정신문화연구원, 한국정신문화연구원, 1991

〈한국민속종합조사보고서 향토음식 편〉 문화공보부, 민속원, 1984

〈한국식경대전〉 이성우, 향문사, 1981

〈한국식생활풍속〉 강인희·이경복, 삼영사, 1984

〈한국의 맛〉 강인희, 대한교과서, 1987

〈한국의 떡과 과줄〉 강인희, 대한교과서, 1997

〈한국의 보양식〉 강인희, 대한교과서, 1992

〈한국의 음식문화〉 이효지, 신광출판, 1998

〈한국의 음식용어〉 윤서석, 민음사, 1991

〈한국의 전래음식〉 한국전래음식연구회, 비매품, 2017

〈한국음식문화대관 1권, 한국음식의 개관〉 유태종 외, 한국문화보호재단, 1997

〈한국음식대관 3권, 떡 과정 음청류〉 강인희 등, 한국문화보호재단, 1997

〈한국음식문화대관 6권, 궁중음식 사찰음식〉 황혜성, 한국문화보호재단, 1997

〈한국음식, 역사와 조리법〉 윤서석, 수학사, 1988

〈한식 의식주생활사전 식생활 편〉 국립민속박물관, 국립민속박물관, 2018

〈황혜성의 궁중음식〉 황혜성, 궁중음식연구원, 1998

논문

「대전학 II, 대전 대덕구의 선비문화(대덕구의 주식시의 음식 문화)」 김현숙, 2023

「역사 속의 충남여성 (종부의 손끝으로 전해지는 전통 식생활)」 김현숙, 충청남도 역사문화연구원, 2017

「〈임원십육지〉 정조지에 관한 고찰」 김현숙, 한양대학교 대학원, 2006

웹사이트

한국전통지식포탈　　　www.koreantk.com

전통문화포털　　　www.kculture.or.kr

303

한국전래음식

미래에 꼭 전하고 싶은 우리 음식 131가지

초판 1쇄 발행 2024년 12월 30일
저자   한국전래음식연구회
            이말순
            황재만, 홍윤정, 최현진, 최정윤, 최은미, 천승명, 채혜정, 조희숙,
            조성주, 정재훈, 정은아, 정소연, 전지호, 장영주, 이희란, 이호영,
            이혜숙, 이인옥, 이유진, 이연성, 이승은, 이숙희, 이세미, 이선경,
            이문숙, 이금주, 이경현, 우은열, 양연주, 안해단, 신일현, 서지선,
            서명환, 백광미, 박효진, 박은경, 박서란, 민경애, 노승혁, 나근영,
            김현숙, 김창기, 김진영, 김은희, 김영경, 김수경, 김낙영, 권영미,
            고은숙, 강진주, 강신혜

총괄 진행   강신혜, 서명환, 정소연
스타일링   이세미, 서지선
사진   강진주

펴낸곳   책책
펴낸이   선유정
디자인   아트퍼블리케이션 고흐
교정·교열   최현미

출판 등록   2018년 6월 20일 제2018-000060호
주소   (03041) 서울시 종로구 체부동 173
전화   010-2052-5619
인스타그램   @chaegchaeg
전자 주소   chaegchaeg@naver.com
ISBN   979-11-91075-18-2